第三册

主 编 王西京 陈 洋

副主编 王 佳 张钰婴 金 鑫

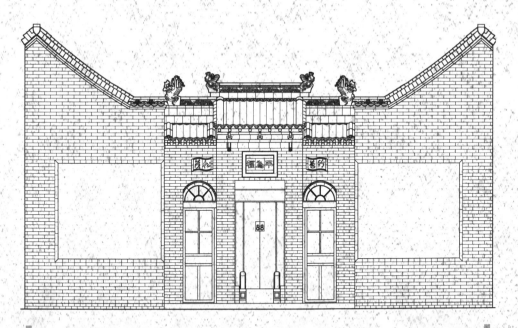

西安交通大学出版社
XI'AN JIAOTONG UNIVERSITY PRESS

图书在版编目(CIP)数据

西安民居. 第 3 册 / 王西京,陈洋主编. —西安：
西安交通大学出版社，2015.10
　ISBN 978 - 7 - 5605 - 6061 - 8

　Ⅰ.①西… 　Ⅱ.①王… ②陈… 　Ⅲ.①民居-建筑艺
术—西安市 Ⅳ.①TU241.5

　中国版本图书馆 CIP 数据核字(2015)第 241912 号

书　　名	西安民居(第三册)
主　　编	王西京　陈　洋
副 主 编	王　佳　张钰塈　金　鑫
责任编辑	柳　晨
出版发行	西安交通大学出版社
	(西安市兴庆南路 10 号　邮政编码 710049)
网　　址	http://www.xjtupress.com
电　　话	(029)82668357　82667874(发行中心)
	(029)82668315(总编办)
传　　真	(029)82668280
印　　刷	中煤地西安地图制印有限公司
开　　本	787mm×1092mm　1/12　印张 26　字数 518 千字
版次印次	2016 年 5 月第 1 版　2016 年 5 月第 1 次印刷
书　　号	ISBN 978 - 7 - 5605 -6061-8/TU・172
定　　价	128.00 元

序

西安地区是中华文明发祥地之一，从半坡人生活栖息开始，西安地区的人类家居活动就未曾停息。在几千年的发展过程中积淀了自己的居住文化，产生了不同于其他地方的民居建筑，留下了丰富而珍贵的遗存。

在城市建设迅速发展的今天，特别是20世纪90年代以来，西安老城区同国内其他老城一样，经历了前所未有的开发和改造，城市肌理被改变，很多具有历史文化价值的民居迅速消失，曾长期留存的精美构筑毁于当代，殊为令人痛惜。

西安民居为典型关中民居风格的代表，属于优秀的近现代建筑，民居的保护与研究，是传承中华民族传统建筑文化的一个重要组成部分，意义十分重大。按照国家《历史文化名城名镇名村保护条例》要求，历史文化名城应具有两个以上历史文化街区，而历史文化街区的划定要求"历史文化街区内文物古迹和历史建筑的占地面积应达到保护区内建筑总占地的60%以上"，所以传统民居是历史文化街区中的重要组成部分，是构成历史文化名城必不可少的物质要素，对其的保护对于保住历史文化名城这一城市称号至关重要。另外，通过基础调研工作，将民居中所包含的历史、文化、艺术及技术等信息以文字和图片的形式记录下来，在传承城市文化的同时，也可为建筑创作者及文物保护者提供设计参考及研究资料，对地域建筑创作和城市发展发挥积极的作用。

对于西安民居，过去也出版过相关书籍，基本上以照片为主，未有如本次西安交通大学课题组这样系统全面的介绍。这本书对西安地区现存民居作了全面调研，并作了整体的理论研究，从生成条件、形制特征、空间功能与形态、结构构造、室内装修及家具作了系统剖析，并辅以大量图片、实测资料。历时数载，填补了这方面的空白，为展示西安人文风采特征和地域文化作出了有益探索。

望这本书能唤起更多的人士对祖国建筑文化的关切与爱护之情，也唤起更多的人士加入保护优秀文化遗产的行列中，使我们的中华文化发扬光大，延绵久长。

单霁翔

前　言

　　中国民居研究始于 20 世纪 30 年代，长期以来备受关注，在 60 年代，民居调研之风曾遍及全国大部分省市和少数民族地区。例如北京的四合院、黄土高原的窑洞、江浙地带的水乡民居、四川山地民居、客家土楼、青藏高原民居等等，都被广泛调研，留下了宝贵的调查资料。随后，地域性的民居研究纷纷展开，并在改革开放后的 80 及 90 年代达到高峰。这项工作全面系统地归纳了各地具有代表性的民居类型、特征和技术经验，出现了许多经典性的调查著作，如《浙江民居》《福建民居》《安徽民居》《西南民居》《北方民居》《赣粤民居》《广东民居》《江西民居》《云南民居》《广西民居》《江苏民居》《壮族民居》《山西民居》《西湖民居》《东北民居》《西北民居》《台湾民居》《四川民居》，还有北京城的《北京民居》等。

　　与西安有关的也有几本专著，《西北民居》介绍了西北（陕、甘、宁、青）地区的自然条件与民居类型，总结西北民居以生土材料为主体的共性特征以及以不同民族文化为底蕴的装饰形态特征。《陕西民居》阐述了陕西关中、陕南、陕北三个部分不同的自然状况、建筑材料资源以及当地民居建筑的发展。《陕西关中传统民居建筑与居住民俗文化》针对关中地区传统民居的历史演进、形式与结构、装饰与陈设、门窗工艺、雕刻艺术与内涵等方面作了较为系统的研究和撰写。在这些书中，西安民居只是作为个案引入介绍，没有深入细致地展开。

　　西安曾长期作为我国的都城，引领中国文化包括建筑文化的发展，住居文化自然也源远流长。由于地理环境、经济条件、历史背景及生活方式的不同，西安民居在平面布局、建筑形式与结构、细部装饰等方面在关中民居、陕西民居、西北民居中有着独特的个性。长期以来，由于保护意识淡漠，且由于古代遗迹众多，西安民居的保护没有被赋予应有的地位。西安市传统民居的具体分布和详细情况一直无法确切统计，更没有全面的档案管理，即使一些爱好者有所关注，留存了一些珍贵的影像资料，也零碎不全，缺乏专业的调查，无法深入研究，更没有人从建筑学角度对西安民居进行深入调查及系统分析，至今还没有一本真正反映西安民居的文献书籍出版。

　　西安地区保留至今的民居始建于明代，更多的是清代中晚期至解放前建造的，特别是清末民国建立之初及抗战期间是两个较大的建设时期，本地人及外省在西安做官或经商的人员在城内建造了大量豪华气派的宅院、会馆、商业店铺。在这些民居中，住过大量近现代各界名人，在西安历史上影响深远。北院门 144 号为清初榜眼高岳崧故居，麦苋街有传慈禧太后及光绪皇帝西逃到西安时曾住的宅院；大学习巷中 93 号传为年羹尧故居；南四府街 49 号曾传为清代吴都督故居；小湘子庙 33 号是汉中知府吴延锡的宅院，近代著名学者、关中道尹、陕西图书馆馆长毛昌杰，前西安市委书记丛一平，作家商子雍、商子秦、杜爱民等也曾住过湘子庙街；陕西督军陈树藩在当时的富人区东夏家什字盖有宅院；小皮院有乌大经乌提督府；红埠街有清乾隆时期状元王杰的府邸，还住过甘军将领董福祥，此街 12 号还是民国陕西省主席孙蔚如的公馆；菊花园曾住过陕西都督张凤翙；大吉昌巷 1 号，杨虎城将军和谢葆真曾居住过，吴三大祖上也居此街；冰窖巷有中医戴希圣家（其弟戴希斌，画家），16 号是民国后长安县第一任县长席梧轩家；开通巷 29 号住原大华纱厂老板的夫人及子女一家，23 号住灞桥大户张百万家；红霉素眼膏创始人白敬宇曾住二府街，抗日名将关麟征曾住此街南段街西，1929 年前后抗日名将张自忠从开封搬来，住在此街 22 号；安居巷 13 号院传说解放前叶剑英住过；东西甜水井 65 号为清代兵部尚书军机大臣赵舒翘家；柴家什字，宋伯鲁、续范亭曾住过；太阳庙门曾住过宁陕、扶风县长童曙明；小车家巷 6 号有创办辅仁医院的刘辅仁，贾平凹、曹伯庸也曾住此巷。至于其他知名人士，名门大贾，不胜枚举，俨然一部西安近代史的画卷。

　　西安民居的破坏也历经几个大的时期，主要是 20 世纪三四十年代抗战时期及八九十年代旧城改造时期。据记载自 1937 年 11 月 13 日至 1944 年 12 月 4 日，七年中，日军共轰炸西安 145 次，出动飞机 1106 架次，投弹 3440 枚，炸毁房屋累计 6781 间以上。今光明巷中部街东,有一处布满坑洞的青砖墙,上挂牌匾,上刻"1938.11.23 日本飞机轰炸西安遗址"以记。

从真实反映西安城市状况的 1957 年所做模型(现存西安城市规划展览馆)来看,当时古城风貌十分浓郁,钟鼓楼、城墙及东西南北四城的门楼凸显,街道肌理完整,大片古老的民居历历在目。解放初,有些院子收归国有,改为单位或单位家属院,有些开办成小型加工厂,还有许多院子由单户居住改为大杂院。这期间,院子的格局尚未受到大的影响,如 1959 年拓通莲湖路,拆除莲花池、许士庙街北头院落的建设行为尚少。虽历经"文革"等多次动荡,至 20 世纪 80 年代末以前,质量较好的民居仍大量留存,随处可见。1990 年前后笔者同挪威建筑界朋友调研南院门时,高大厚实的马头墙给他们留下了深刻的印象。测绘大有巷连片民居院落时,还有过同日本方面合建西安民居博物馆的设想。

由于民房质量低下,年久失修,基础设施不便易倒灌积水,老院落占地大,不利于扩大居住,更由于当时保护民居意识缺乏,自 80 年代中期至 90 年代中期,开展了大规模的旧城改造即城市低洼地区改造,并伴随道路拓宽,使大量优秀民居成片拆除,毁损殆尽,格局尽失。西安最早开始改造的是许士庙街,大、小保吉巷,四府街,芦荡巷等地。当时许士庙街西南头,盖起了西安市第一座高层建筑,先后有 3 座 16 层的居民住宅楼落成,报纸广播曾作介绍,轰动一时,外地人到西安都要到这里看一看。90 年代初,德福巷、书院门、南广济街、小皮院、红埠街、甜水井、双半仁府、柴家什字、许士庙街、光明巷、早慈巷、通济坊等,街上的老院子及平房逐渐改造成了一栋栋毫无特色的居民楼。老人们回忆,夏家什字改造时,从各家的门口拆下来的石狮子就堆了好几堆,柱础石满地都是,拉了十几车才拉完。2002 年陈树藩督军府为了保留下来,曾上诉至法院,结果为给同在这里的城市遗留问题解困,仍难逃被拆除的命运,拆迁时,仅宅里的红木家具就运了七八车。

另外,除城市改造外,部分市民特别是回坊居民为发展经济自发建设及人口增加而增建等原因,也使大量有价值的民居逐渐消失。2003 年前后笔者调研时,全市尚存约 108 处院落及散布质优单体建筑,几年过去,剩 80 余处,其后剩了三五十处。至此次调研,一些过去详知,有过部分资料的民居已不复存在,殊为可叹。

古民居的保护,不仅是保留这里的物质形态,更是保留一种生活方式,留住生活中一切优秀的品质,唤起那种人与人的亲密、融合。有人言:三天不读书,便觉言辞鄙陋。同样,许多生活在大城市的人,几天不去这些老街道走走,便觉失魂落魄,坐立不安。西安的书院门、三学街、北院门、西羊市,每提到这些名字,你就会想起它们的形象,泛起一股温情。走在这里,没有现代城市中高大冷漠的尺度,风是暖的,物是亲的,人是近的,阳光疏影,乡音俚语;走在这里,看画、挑砚、试笔,说的是历史,讲的是传统,高人雅士,奇谈轶闻,口语身应,人文的精神在不经意间传承,慢慢地啜茶品茗,悠悠地研墨走笔,心中涌起的是追古的情怀,思幽的雅趣。

通过传统民居的研究与保护,反思我们的生活,在那里,留存了我们儿时的记忆,留存了我们少年的梦想。古民居同古城、古建筑、工业遗产及非物质文化遗产等等,一起构成了城里的"山水",是城里人不灭的"乡愁",保护好这些文化建筑,就是守住我们精神的家园,知道城市的过去,才知道怎样创造城市的未来,了解过去人们的生活,才会明白今天应该追求什么样的生活。

目录
CONTENTS

仿古民居建筑施工常用	
构造做法图	

附录

后记

备注

带＊表示图纸为西安市文物局委托"陕西省古迹遗址保护工程技术研究中心"和"陕西文化遗产保护研究中心"测绘。

民居测绘图

　　本书西安民居测绘图来源有两部分：主要部分是西安交通大学建筑系本课题组测绘的现存传统民居；另一部分由西安市文物局提供（其委托陕西省古迹遗址保护工程技术研究中心和陕西文物遗产保护研究中心测绘），其中民居现大多已被拆除、损毁或几乎完全改造。

　　测绘并被记录的民居数量如下：

行政区域	民居数量（单位：处）
碑林	31
雁塔	1
长安	5
莲湖	24
灞桥	2
蓝田	2

『药王洞 118 号』

　　该宅位于西安市城内西北隅的药王洞。药王洞，是一条路名，东西走向，洞口与糖坊街、立新街形成丁字路口，西至西北三路，长 888 米。因街北侧曾有一座纪念药王孙思邈的古庙而得名。1966 年曾改称"八一街"，1981 年恢复"药王洞"原名。

　　该民宅历史格局为两进院，经过后期改建新建，现仅保留第二进院整体格局，包括月门形式的二道门、两侧厦房及上房。墙体为砖包土坯墙，木结构屋架。

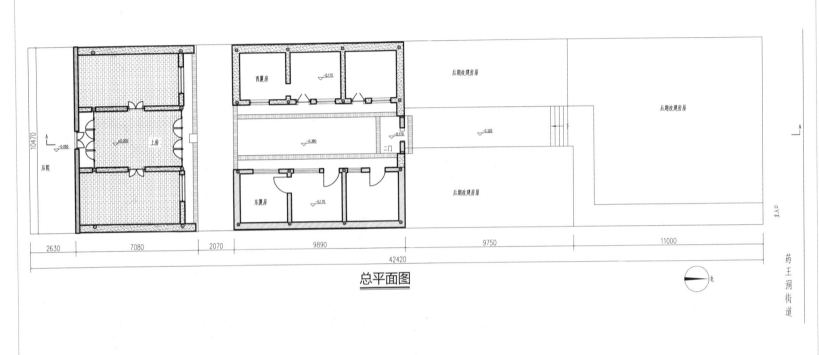

后院　后院
上房　-0.050　±0.000　上房
西厢房　-0.170
-0.170　-0.170　-0.320
二门　-0.380　后期改建房屋
东厢房　-0.170
后期改建房屋　后期改建房屋
后期改建房屋

104470

2630　7080　2070　9890　9750　11000
42420

药王洞街道
主入口

北

总平面图

后期改建房屋
后期改建房屋

2630　7080　2070　8240　2100　8000　12300
42420

A-A 剖面图

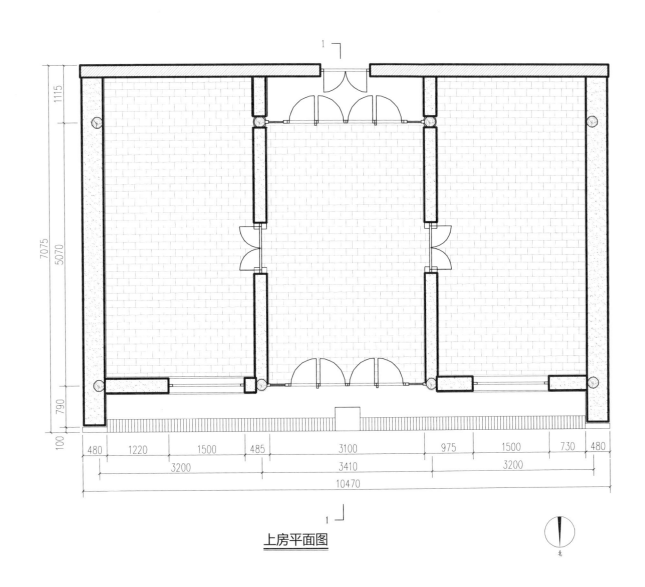

上房平面图

5

上房北立面图

上房 1-1 剖面图

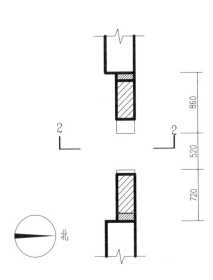

二门平面图

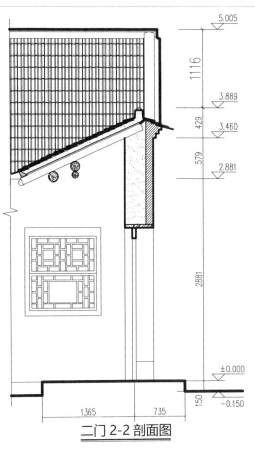

二门 2-2 剖面图

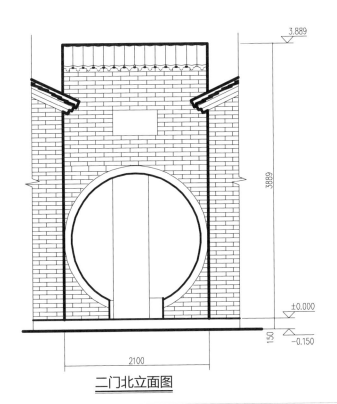

二门北立面图

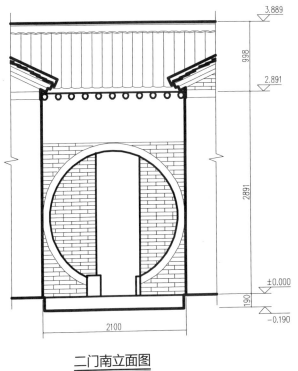

二门南立面图

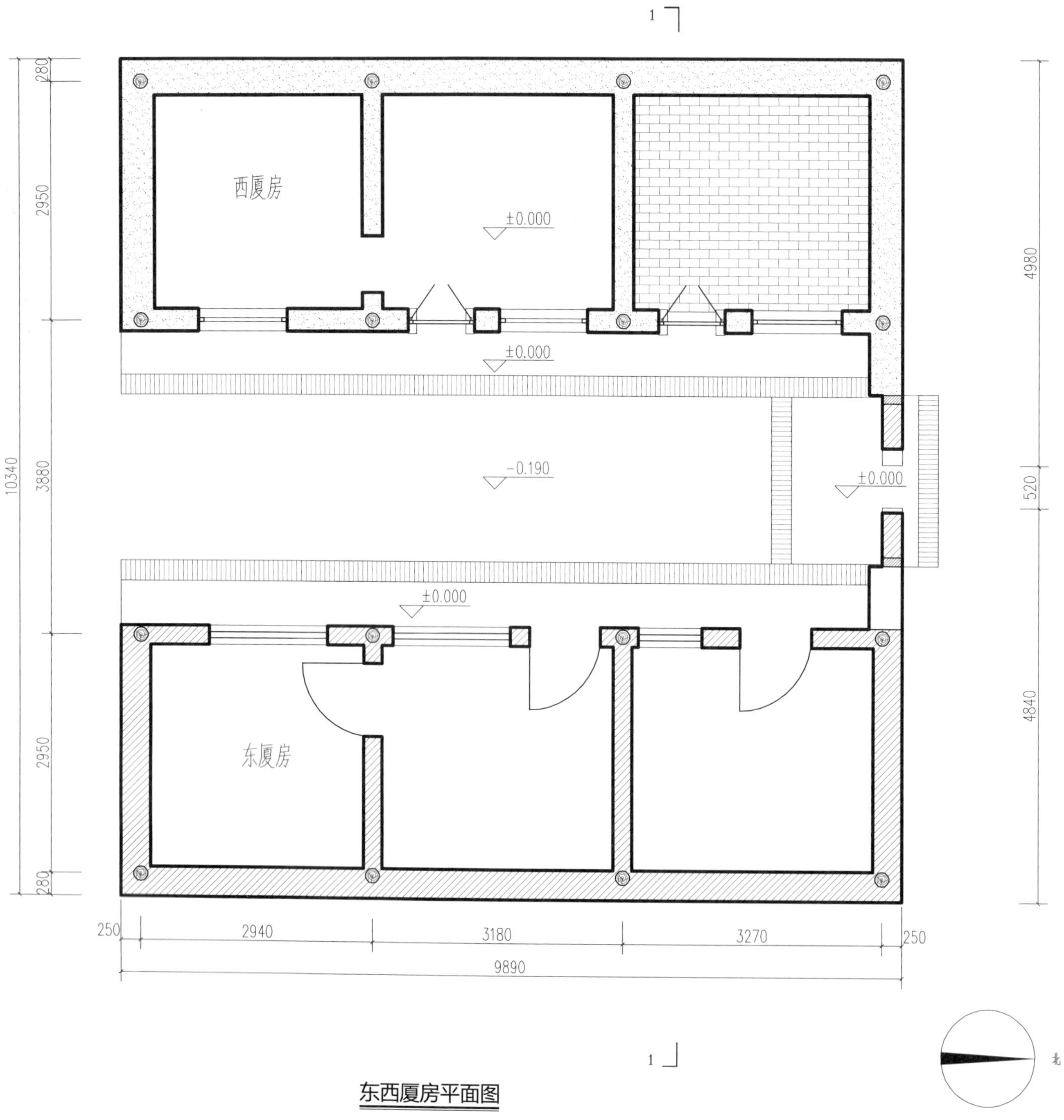

西厦房

±0.000

±0.000

−0.190

±0.000

±0.000

±0.000

东厦房

280

2950

3880

2950

280

10340

4980

520

4840

250

2940

3180

3270

250

9890

1

1

北

东西厦房平面图

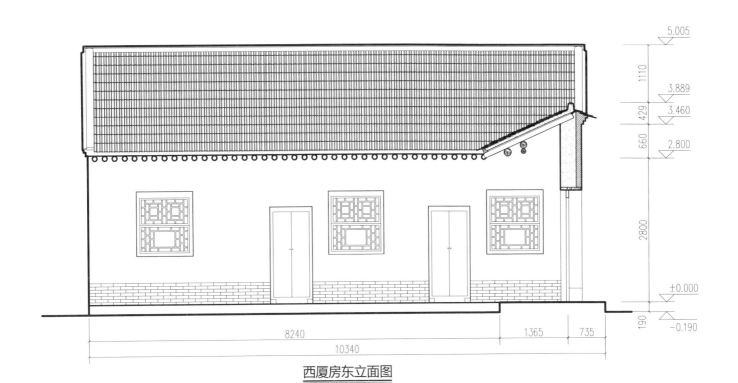

西厦房东立面图

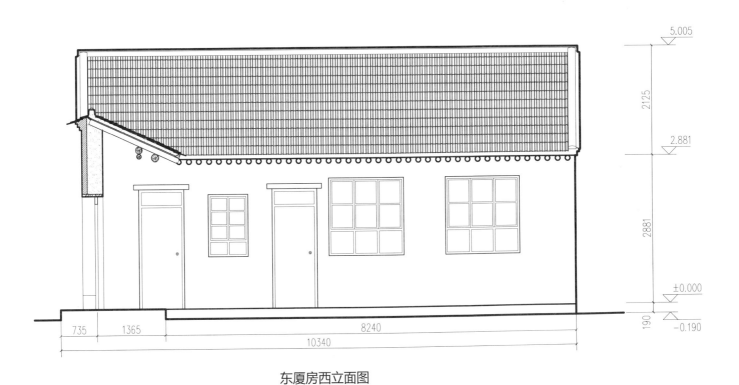

东厦房西立面图

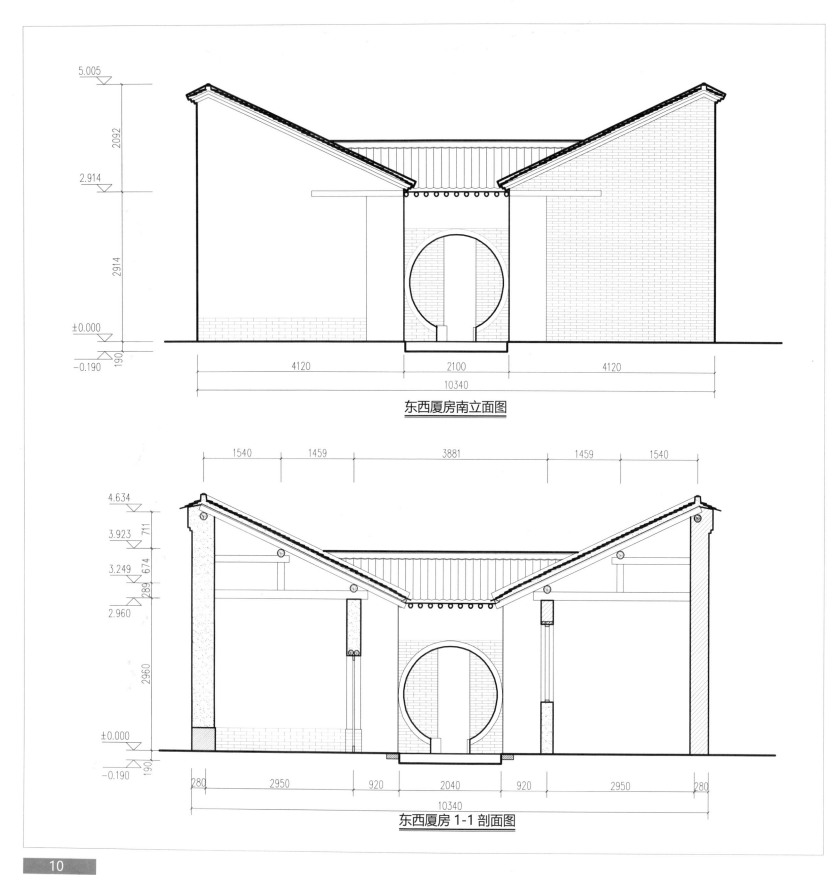

5.005

2092

2.914

2914

±0.000

-0.190

190

4120

2100

4120

10340

东西厦房南立面图

1540

1459

3881

1459

1540

4.634

711

3.923

674

3.249

289

2.960

2960

±0.000

-0.190

190

280

2950

920

2040

920

2950

280

10340

东西厦房 1-1 剖面图

　　大麦市街的老房子差不多都拆掉了，只有 38 号大院依然还在。该宅始建于民国中期，属于西安市传统民居保护工程第一个完工的项目，2007 年，对这里的屋瓦、墙面等进行了修补，由于周围的环境限制，整个大院没能全部恢复，甚是遗憾。

　　38 号院原本只是丁家老宅的南侧院，被叫做"官厅"，是专门用来接待客人的偏院；丁家目前所住的地方曾是"正院"，是主人日常生活的地方；北边还有一院叫做"花厅"，是主人休闲养花的去处。解放初，丁家将南院卖给了某贸易公司，后来贸易公司又将此处转给了市公安局招待所，没想到脱离了丁家的这处南院，反而较为完整地保存了下来。而正院和北院，都因为丁家人口的增加、居住环境的拥挤而被拆毁，建起了新式的楼房。如今，丁家正院和北院只剩下最西边的一排楼房仍然还在，其他部分已经全部消失。

　　院子共有前后两进，坐西朝东，地面为青砖铺就，街房西面有两排砖木结构的厦房，各 4—5 间；南边有两间被改造成了洗手间。厦房的尽头是一座二层过厅楼房，走过过厅的走廊便是后院，后院四周全是整齐的二层楼房，之间由木质的走廊相连，院子的西北角上有一座楼梯通往楼上。也许是因为后院被一圈二层楼包了起来，很难见到太阳，明显比前院阴冷了许多，地上的青砖上也有青苔的痕迹。目前该宅居住着很多租客。

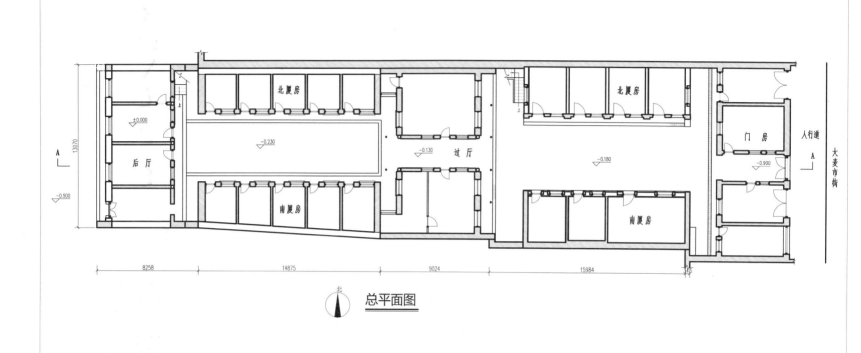

北厢房　北厢房

门房　人行道　大麦市街

±0.000　−0.230　−0.130　过厅　−0.180　−0.900

后厅　南厢房　南厢房

−0.500

13070

8258　14875　9024　15984

北　**总平面图**

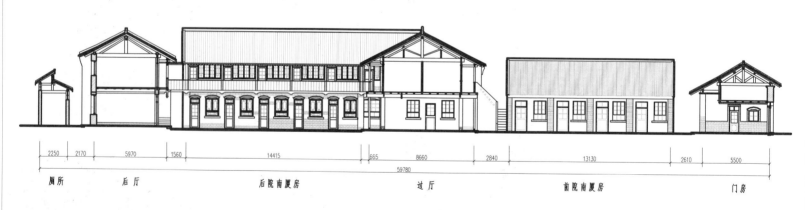

2250　2170　5970　1560　14415　665　8660　2840　13130　2610　5500

59780

厕所　后厅　后院南厢房　过厅　前院南厢房　门房

A-A 总剖面图

0　2.5　5　7.5　10m

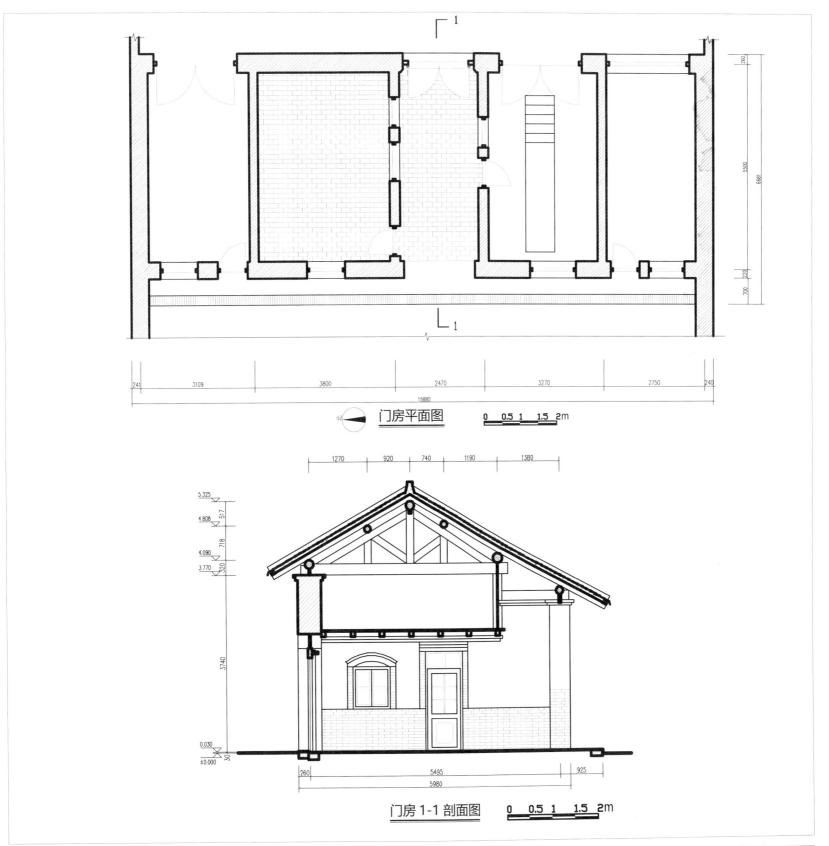

门房平面图   0 0.5 1 1.5 2m

门房 1-1 剖面图   0 0.5 1 1.5 2m

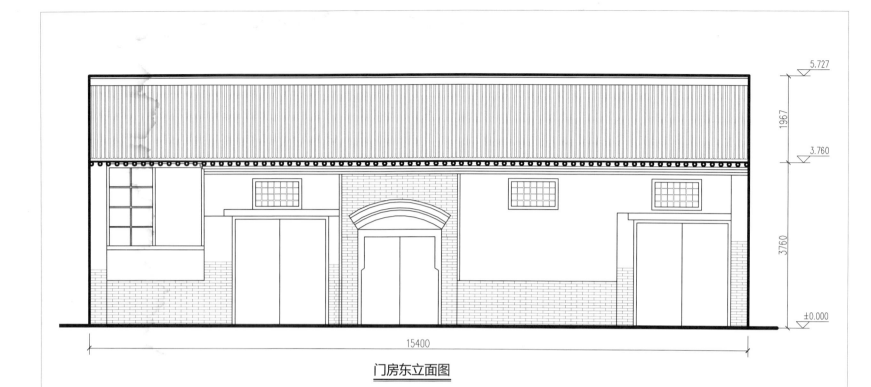

5.727

1967

3.760

3760

±0.000

15400

门房东立面图

5.727

2643

3.084

3084

±0.000

804

-0.080

14920

门房西立面图

0 0.5 1 1.5 2m

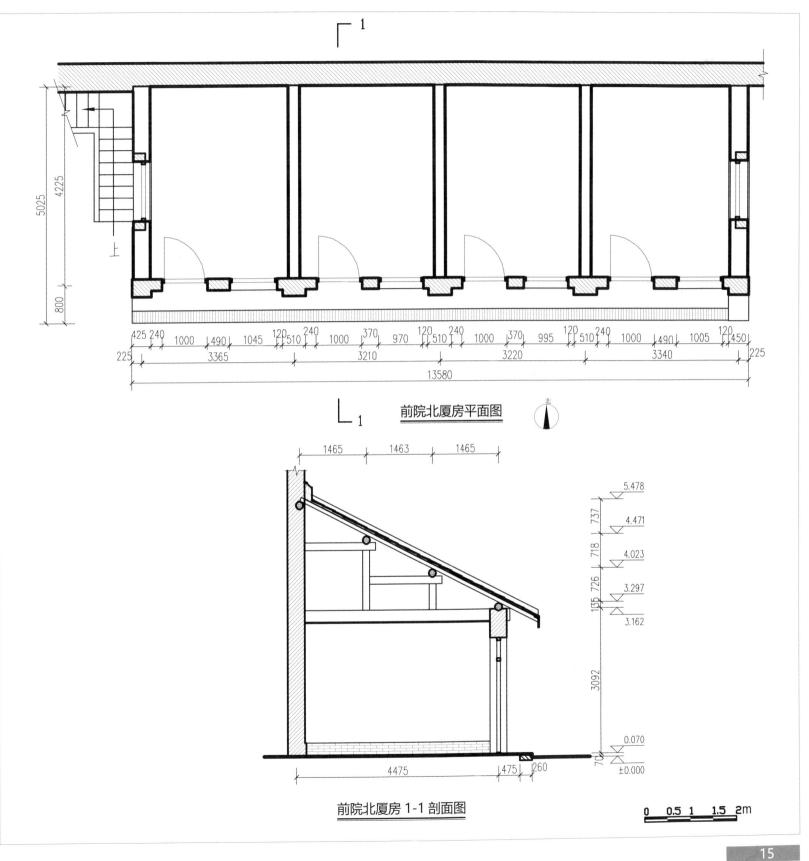

前院北厦房平面图

前院北厦房 1-1 剖面图

0 0.5 1 1.5 2m

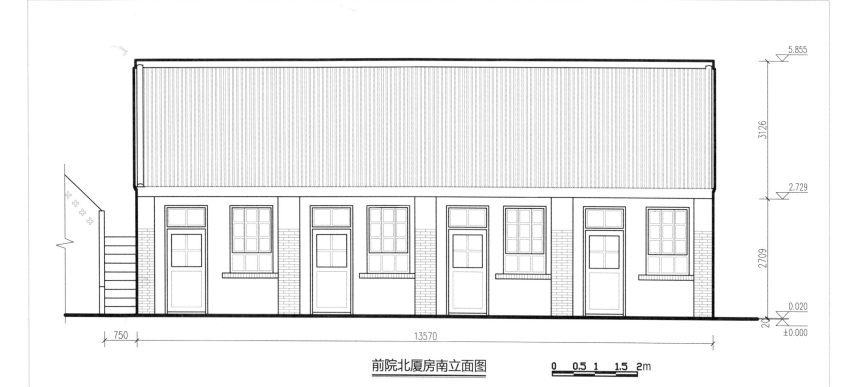

5.855

3126

2.729

2709

0.020
±0.000

750

13570

20

前院北厦房南立面图

0 0.5 1 1.5 2m

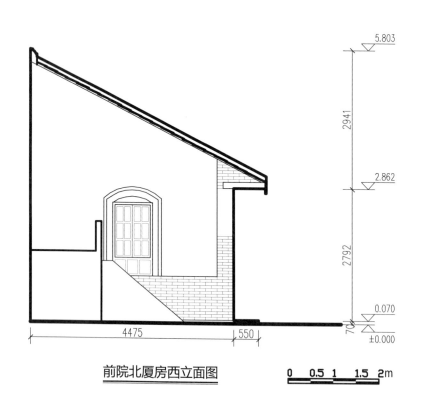

5.803

2941

2.862

2792

0.070
±0.000

4475

550

70

前院北厦房西立面图

0 0.5 1 1.5 2m

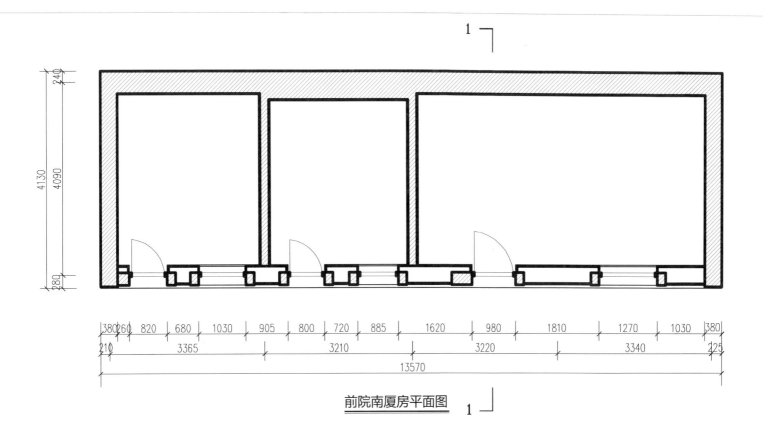

前院南厦房平面图

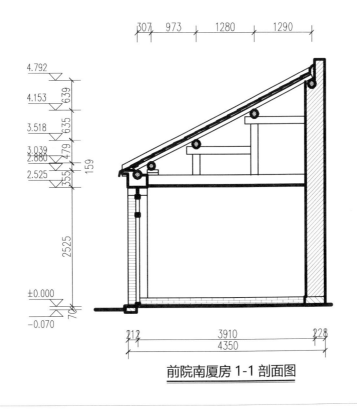

前院南厦房 1-1 剖面图

0 0.5 1 1.5 2m

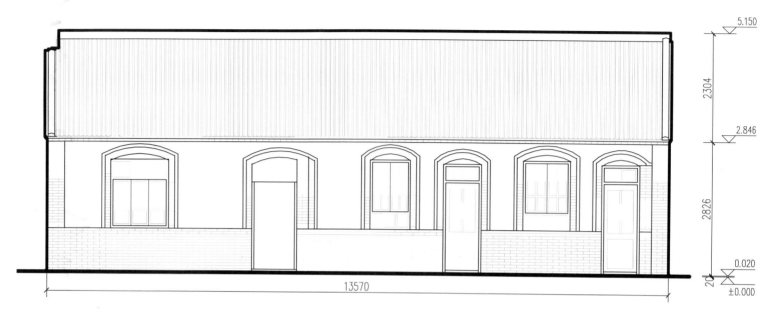

5.150

2304

2.846

2826

0.020

±0.000

13570

前院南厦房北立面图

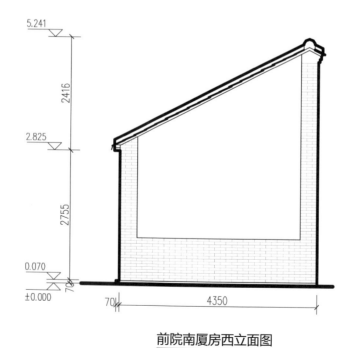

5.241

2416

2.825

2755

0.070

±0.000

70

4350

前院南厦房西立面图

0 0.5 1 1.5 2m

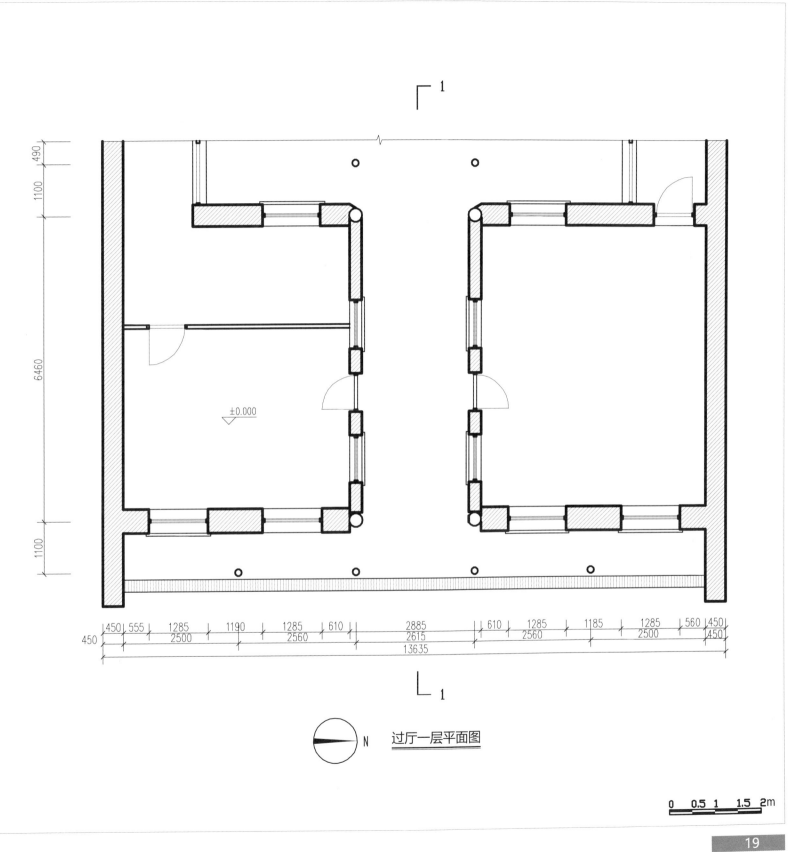

±0.000

过厅一层平面图

N

0 0.5 1 1.5 2m

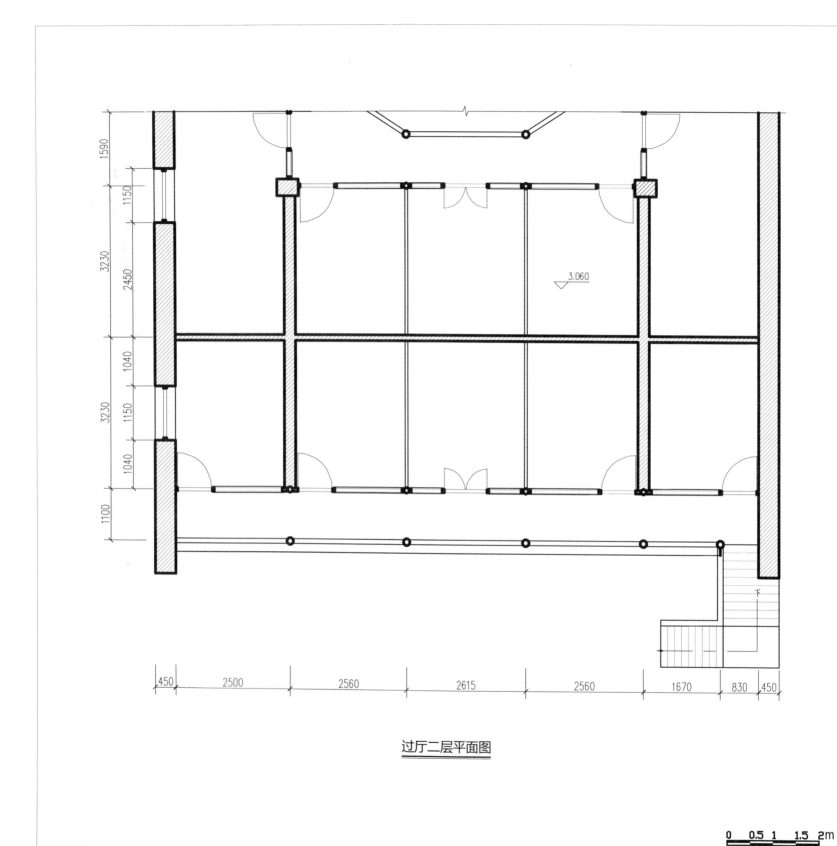

过厅二层平面图

0 0.5 1 1.5 2m

1100　1693　1540　1540　1693　1100

7.511
766
6.745
845
5.900
540
5.360

2300

3.060

3060

±0.000
70
−0.070

650　1101　6465　1100　403
9705

过厅 1-1 剖面图

0　0.5　1　1.5　2m

21

过厅东立面图

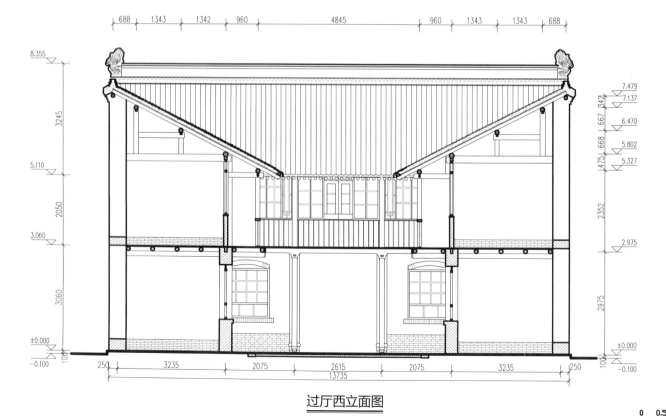

过厅西立面图

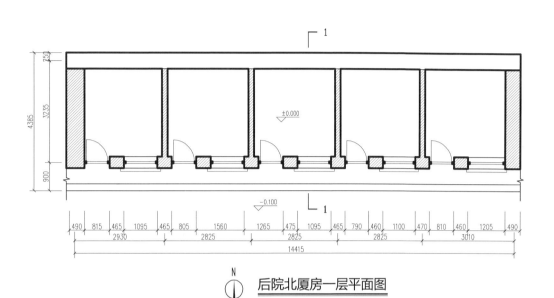

后院北厦房一层平面图

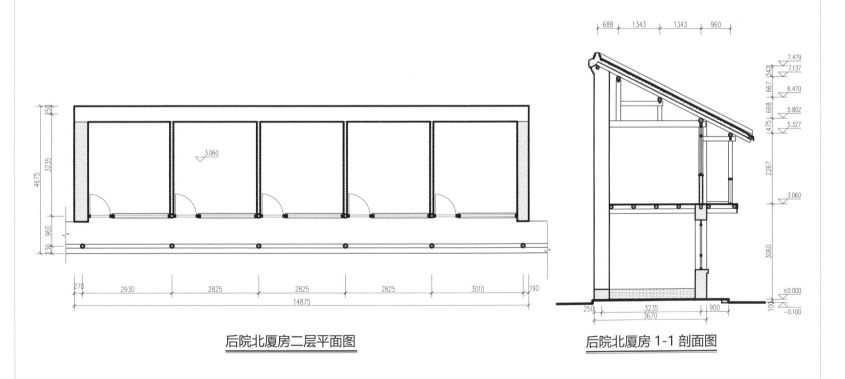

后院北厦房二层平面图

后院北厦房 1-1 剖面图

0 0.5 1 1.5 2m

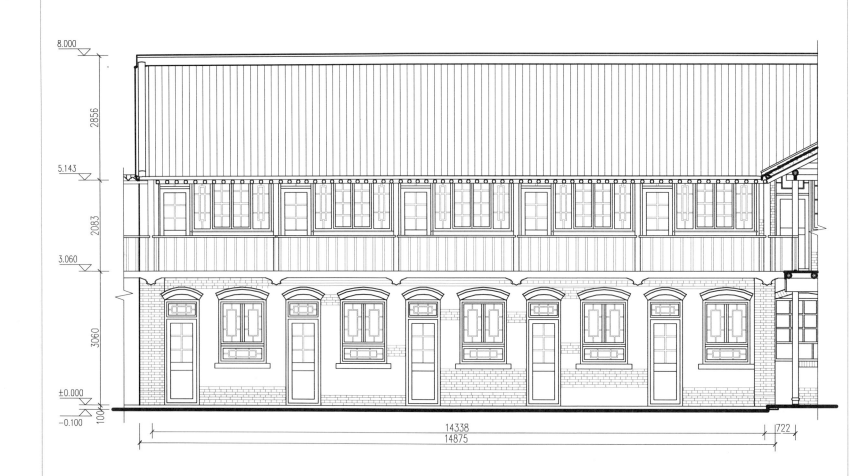

8.000

2856

5.143

2083

3.060

3060

±0.000

−0.100

100

14338
14875
722

后院北厦房南立面图

0 0.5 1 1.5 2m

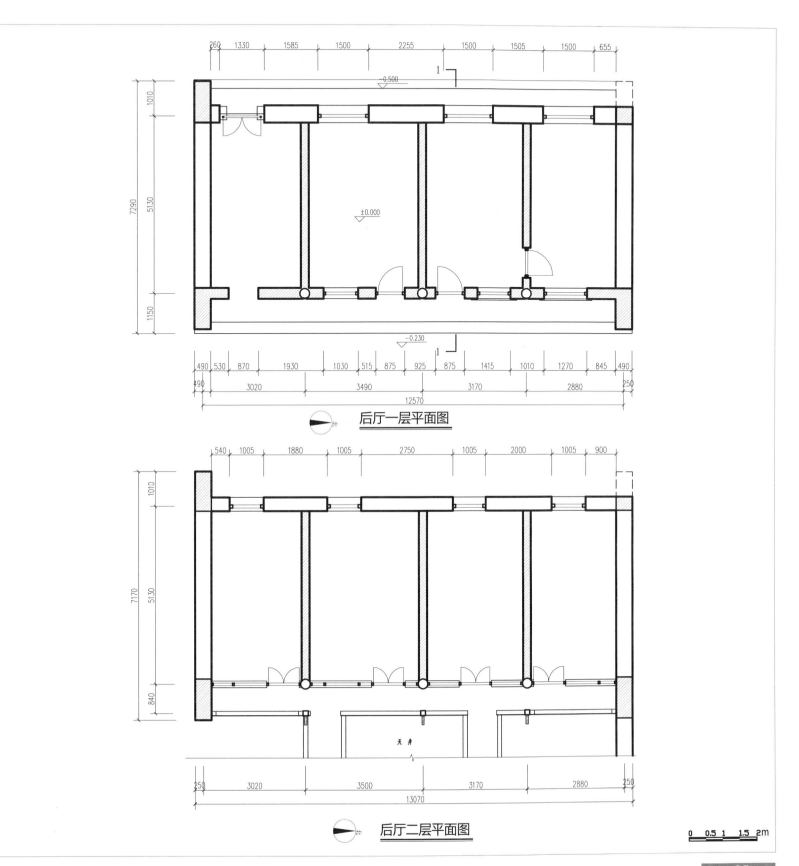

260 1330 1585 1500 2255 1500 1505 1500 655

−0.500

1010

7290

5130

±0.000

1150

−0.230

490 530 870 1930 1030 515 875 925 875 1415 1010 1270 845 490

490 3020 3490 3170 2880 250

12570

后厅一层平面图

540 1005 1880 1005 2750 1005 2000 1005 900

1010

7170

5130

840

天井

250 3020 3500 3170 2880 250

13070

后厅二层平面图

0 0.5 1 1.5 2m

7.881

2612

5.269

2189

3.080

3080

±0.000

130
100
-0.230

250   3018   3500   3170   2883   240

13060

后厅东立面图

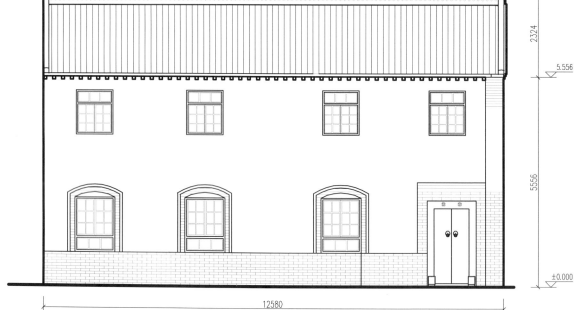

7.880

2324

5.556

5556

±0.000

12580

后厅西立面图

0　0.5　1　1.5　2m

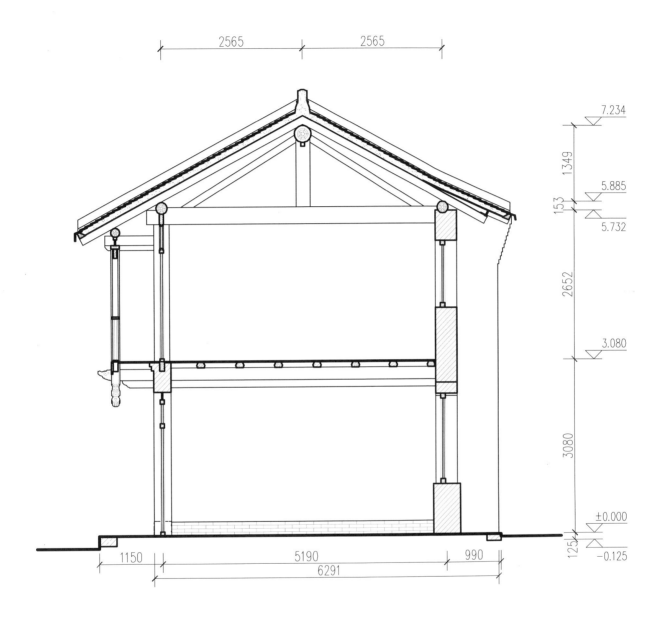

后厅 1-1 剖面图

0 0.5 1 1.5 2m

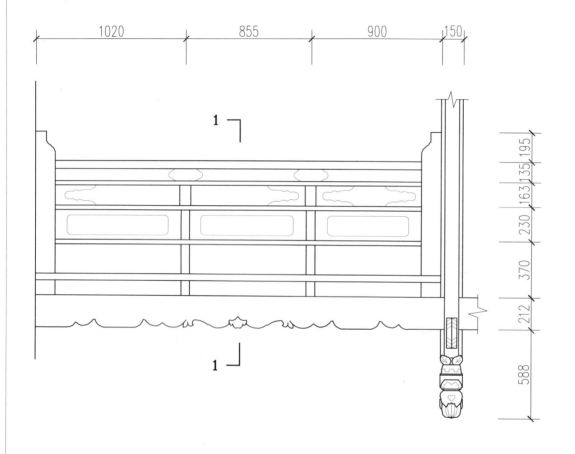

北梢间栏杆大样

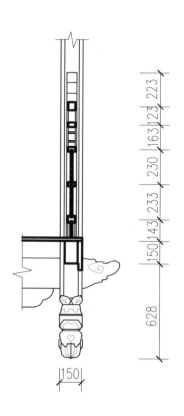

栏杆 1-1 剖面图

『大麦市街 44 号』

大麦市街的粮铺在几百年前曾经兴旺一时，解放初这里遍布客栈、货栈和车马店，西安小吃一条街的美名延续至今。44号宅院建于清末，目前仅剩一座二层后楼保存完整，后楼面阔五间，明间四扇门带花板，二层外檐下有走廊，扶手栏杆上有精美雕花。外墙砖土混合，木梁架屋顶。

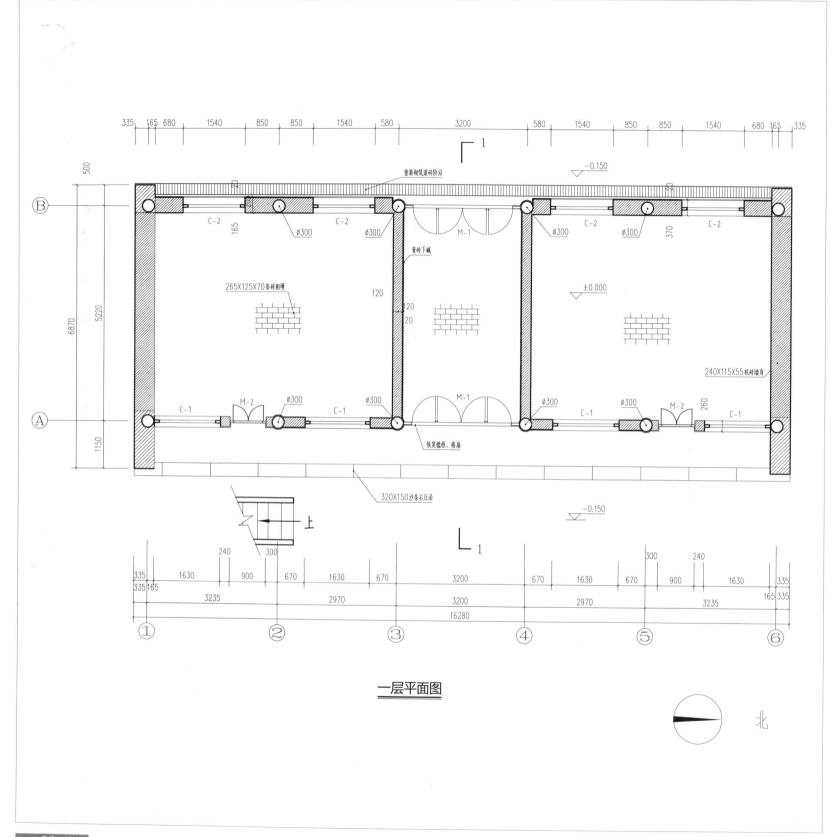

335 165 680 1540 850 850 1540 580 3200 580 1540 850 850 1540 680 165 335

⌐¹

▽ −0.150

500

Ⓑ

重新砌筑液砖阶沿

C-2   165   ⌀300   C-2   ⌀300   M-1   ⌀300   C-2   ⌀300   370   C-2

青砖下槛

265X125X70条砖湘埭

120   120 20

±0.000

240X115X55机砖墙身

6870   5220

1150

Ⓐ

C-1   M-2   ⌀300   C-1   ⌀300   ⌀300   M-1   ⌀300   C-1   ⌀300   M-2   260   C-1

恢复槛框、格扇

320X150沙条石压沿

▽ −0.150

└¹

240   300   670   1630   670   3200   670   1630   670   900   300   240
335   1630   900

335   3235   2970   3200   2970   3235   335
335 165   165 335

16280

① ② ③ ④ ⑤ ⑥

一层平面图

北

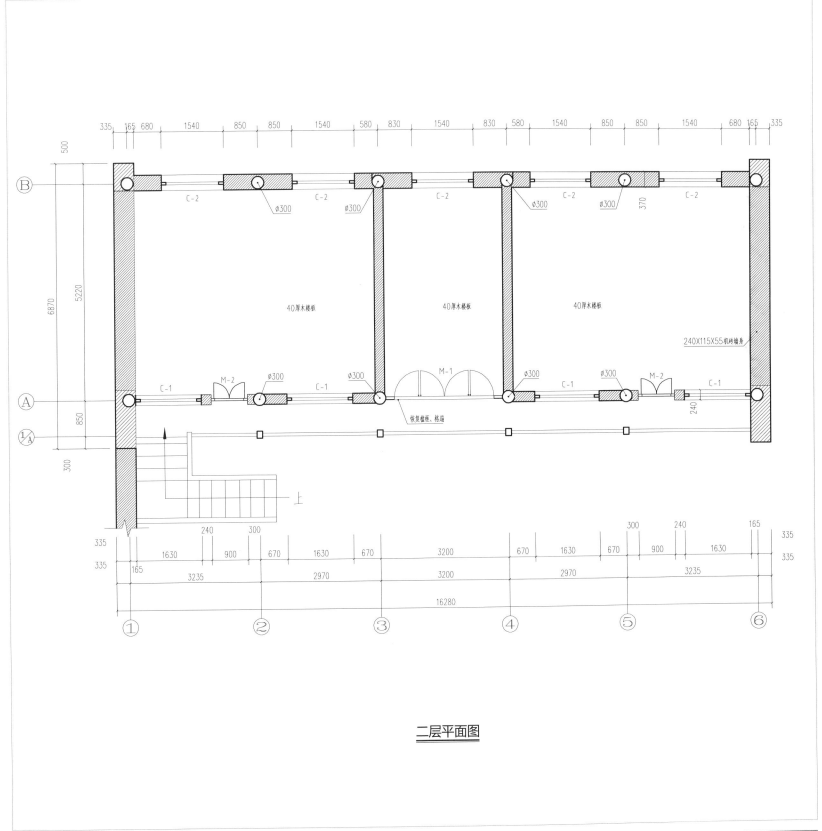

二层平面图

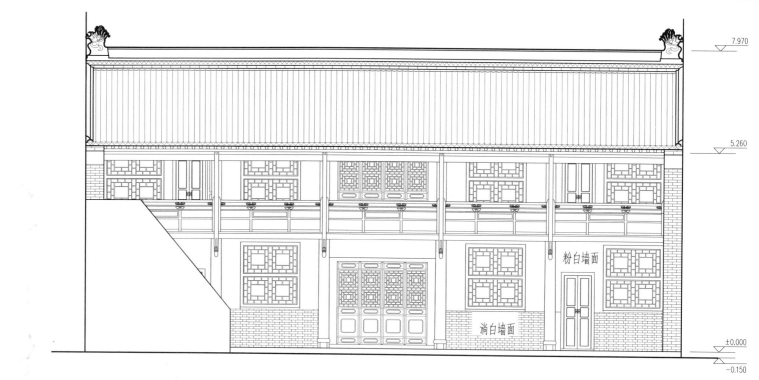

东立面图

粉白墙面

消白墙面

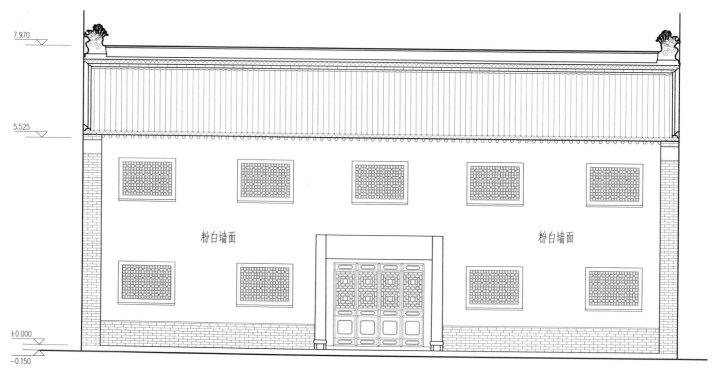

粉白墙面

粉白墙面

西立面图

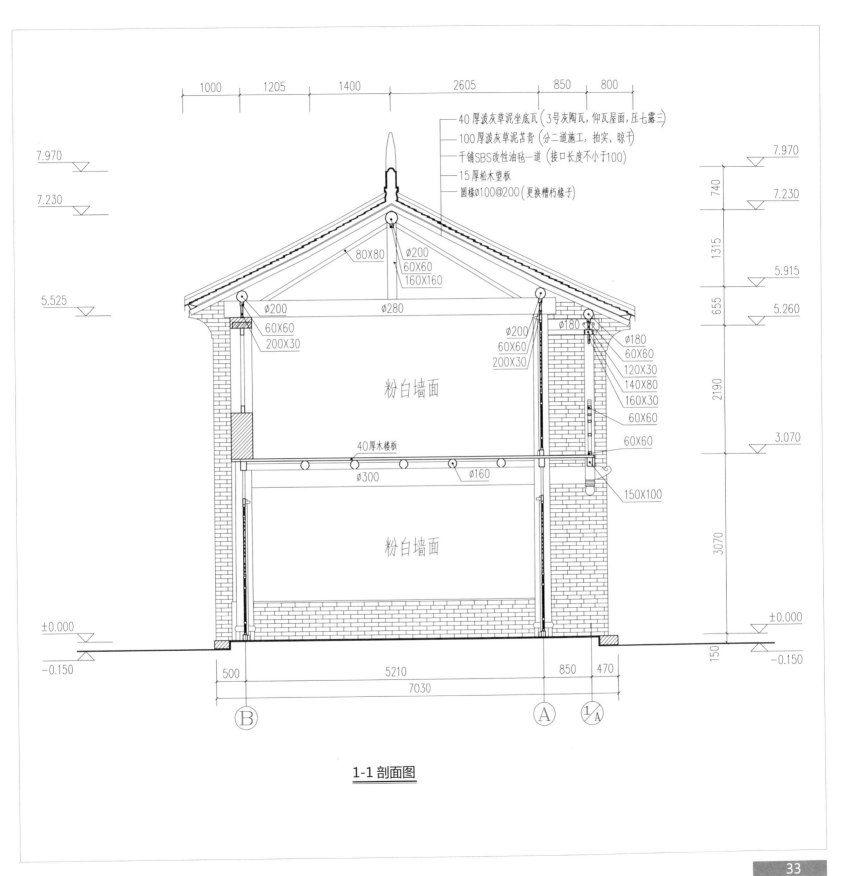

1-1 剖面图

40 厚泼灰草泥坐底瓦 (3号灰陶瓦,仰瓦屋面,压七露三)
100 厚泼灰草泥苫背 (分二道施工,拍实、晾干)
干铺SBS改性油毡一道 (接口长度不小于100)
15 厚松木望板
圆椽Ø100@200 (更换槽朽椽子)

80X80
Ø200
60X60
160X160

Ø200
Ø280

60X60
200X30

Ø200
60X60
200X30

Ø200
Ø180

Ø180
60X60
120X30
140X80
160X30
60X60

60X60

粉白墙面

40厚木楼板
Ø300
Ø160

150X100

粉白墙面

7.970
7.230
5.525

±0.000
−0.150

7.970
7.230
5.915
5.260
3.070
±0.000
−0.150

740
1315
655
2190
3070
150

1000 1205 1400 2605 850 800

500 5210 850 470
7030

Ⓑ Ⓐ ①/Ⓐ

33

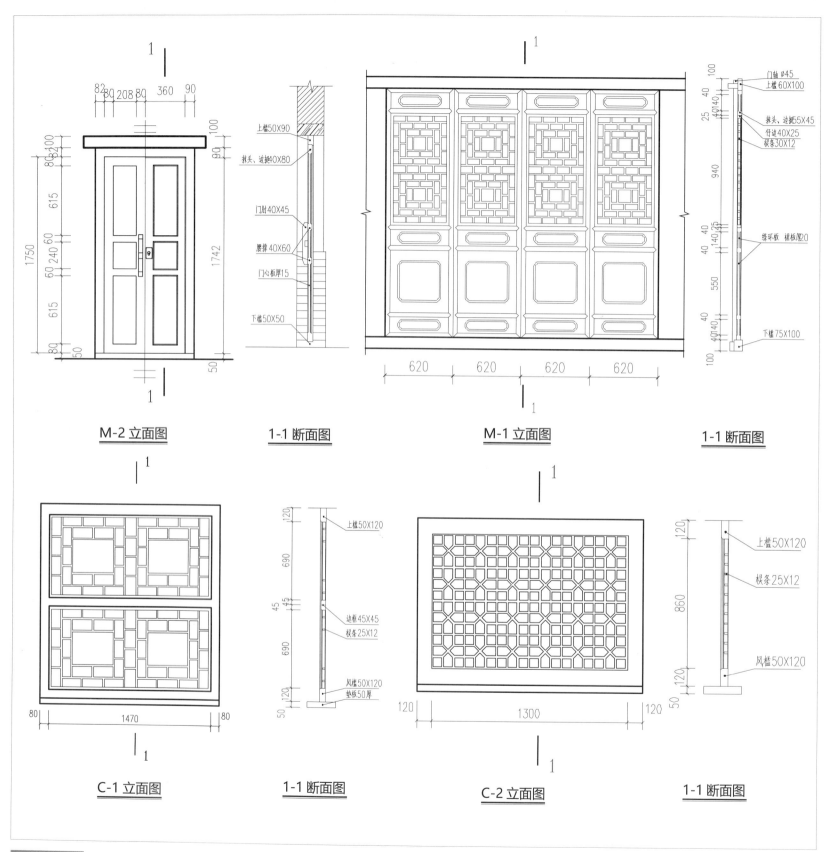

門轴 Ø45
上檻60X100

82 80 208 80 360 90

上檻50X90

抹头、边挺40X80

抹头、边挺55X45
仔边40X25
棂条30X12

門肘40X45

腰撑40X60

绦环板 裙板厚20

門心板厚15

下檻50X50

下檻75X100

620 620 620 620

M-2 立面图   **1-1 断面图**   **M-1 立面图**   **1-1 断面图**

上檻50X120

上檻50X120

棂条25X12

边框45X45
棂条25X12

风檻50X120

风檻50X120
垫板50厚

80 1470 80   120 1300 120

C-1 立面图   **1-1 断面图**   **C-2 立面图**   **1-1 断面图**

『庙后街 1 3 4 号』

该院位于西安市西大街城隍庙北侧，仅存一栋二层带阁楼的上房。上房面阔三间，大门位于明间并向内凹进，外有雕花门罩。二层有外廊，扶手栏杆纤细精致。

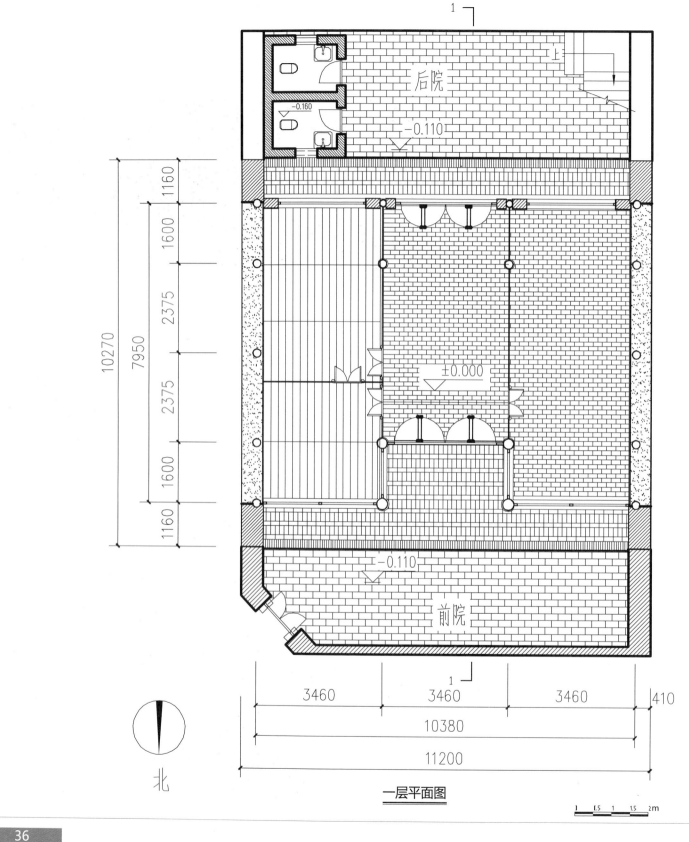

1

后院

−0.160

−0.110

±0.000

−0.110

前院

1

1160
1600
2375
2375
1600
1160
7950
10270

3460 | 3460 | 3460 | 410
10380
11200

北

一层平面图

1 1.5 1 1.5 2m

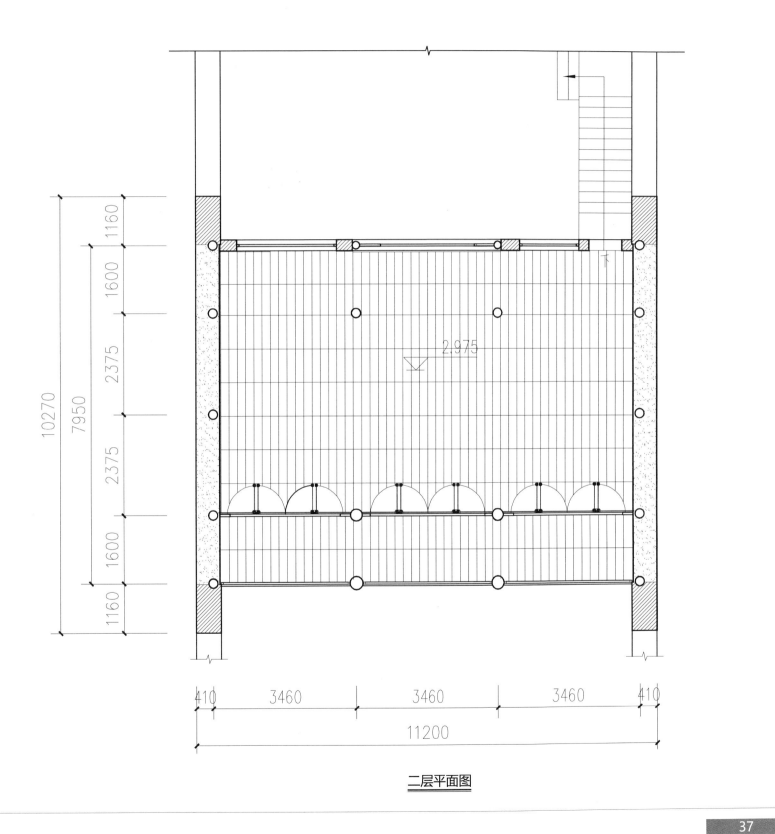

二层平面图

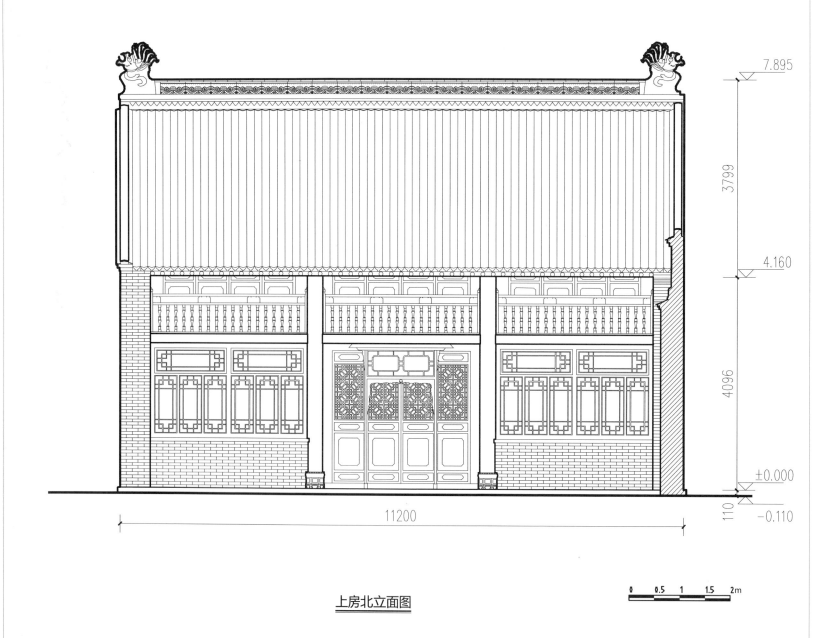

7.895

3799

4.160

4096

±0.000

110   -0.110

11200

上房北立面图

0   0.5   1   1.5   2m

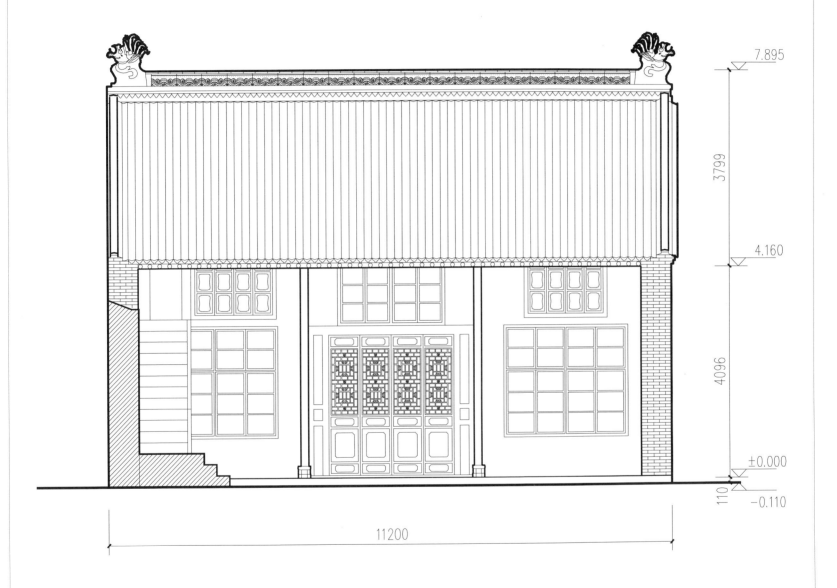

7.895

3799

4.160

4096

±0.000

110   −0.110

11200

上房南立面图

0   0.5   1   1.5   2m

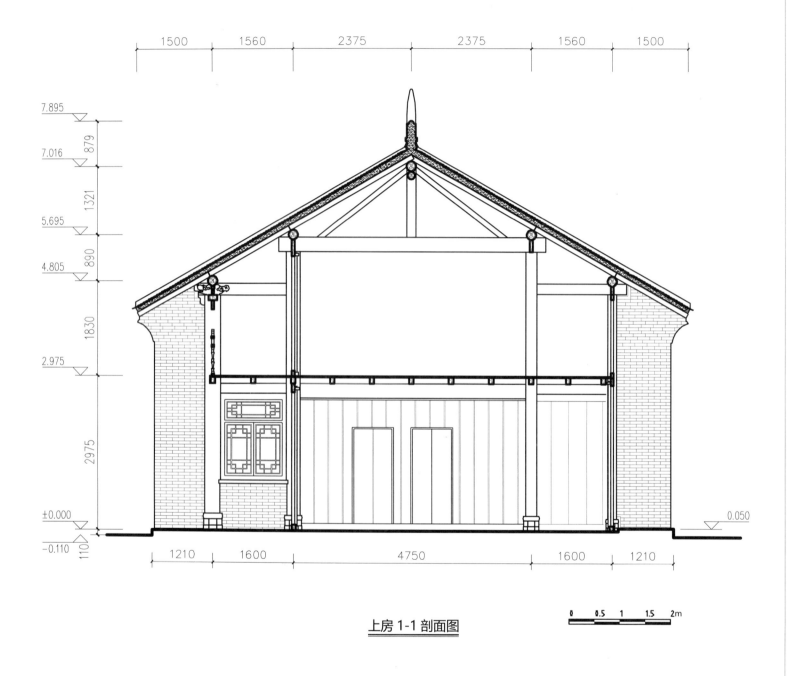

上房 1-1 剖面图

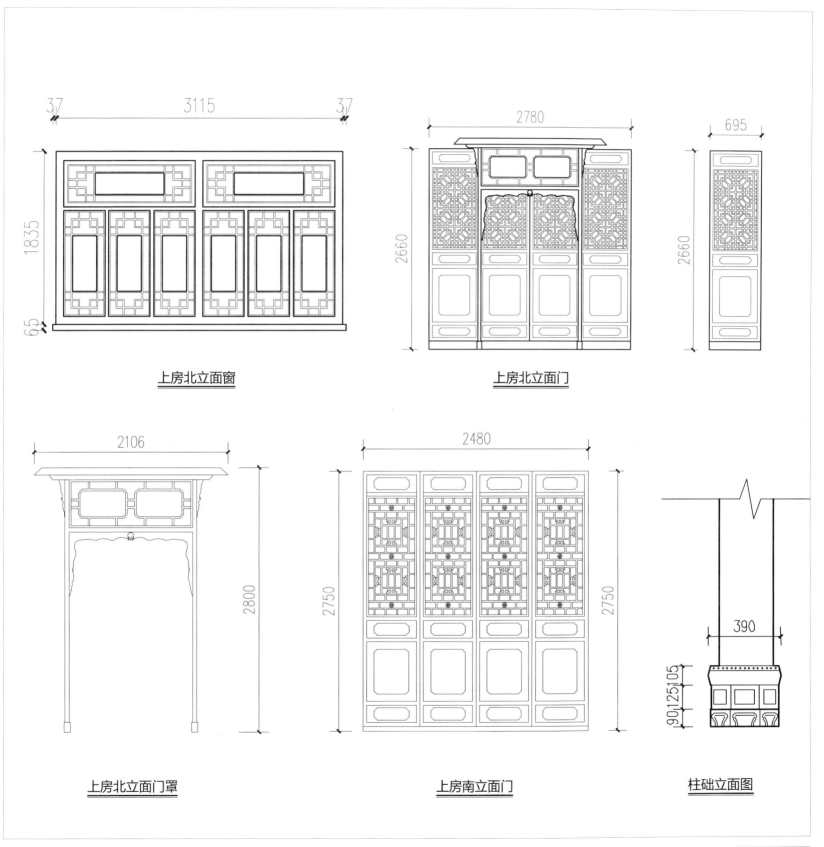

上房北立面窗

上房北立面门

上房北立面门罩

上房南立面门

柱础立面图

『庙后街182号』

该宅曾是清代一位张姓川陕总督的府邸，据说是年羹尧在陕西时修建，后来将其送给张总督。目前是陕建集团第八建筑公司的家属院。该宅共四进院落，院中还有戏台，其中东侧还有偏院。据当地老人回忆，大门街对面曾经有一块砖砌照壁，门房面阔五间，每间外面正对一个拴马桩，可惜"文革"时期，照壁和拴马桩均被毁。

现存大院木梁架保存较好，小木作、砖雕精美，格栅保存较好。整体格局及细部装饰都充分体现西安民居的传统特色。

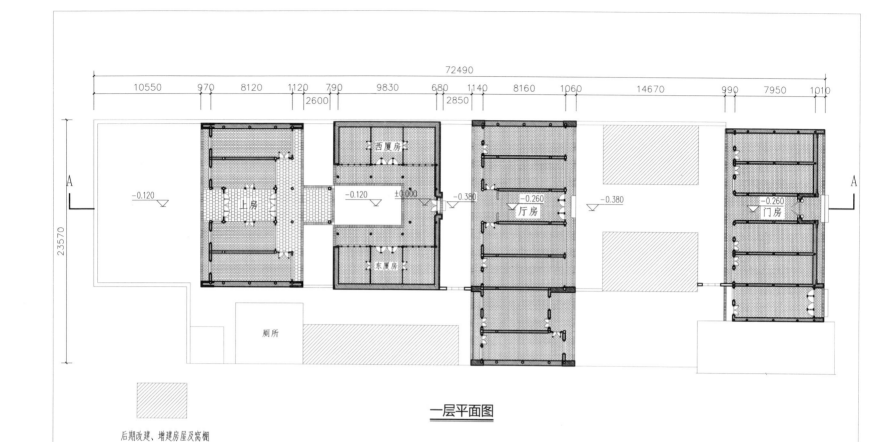

一层平面图

后期改建、增建房屋及窝棚

厕所

上房
西厦房
东厦房
厅房
门房

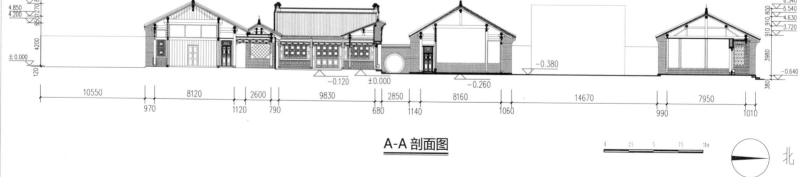

A-A 剖面图

北

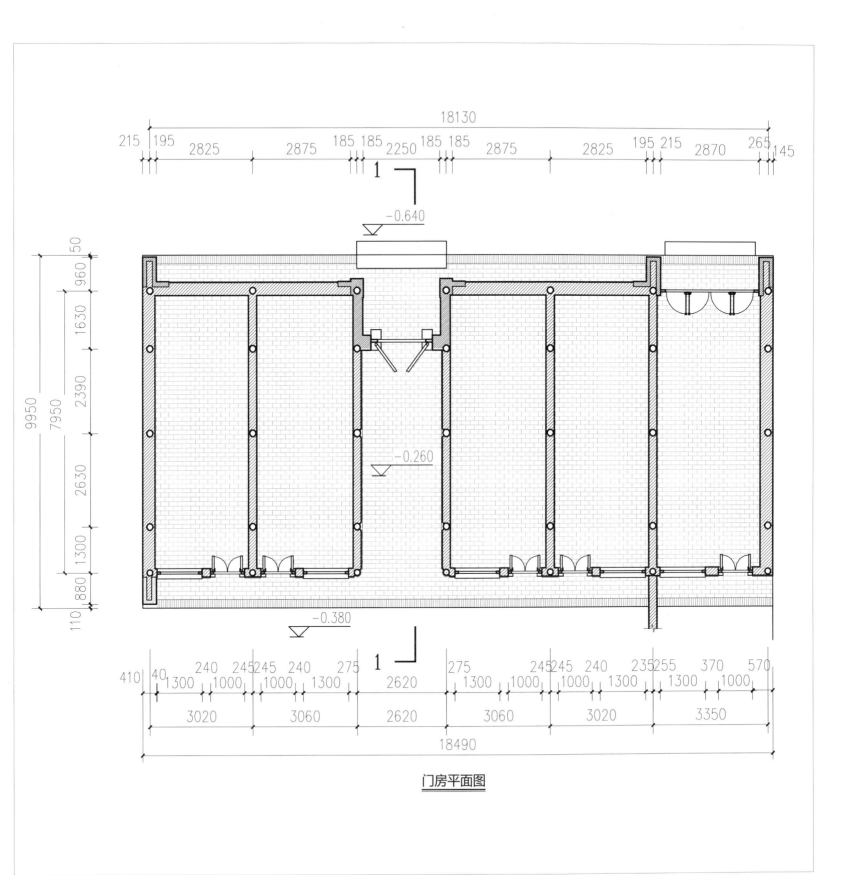

门房平面图

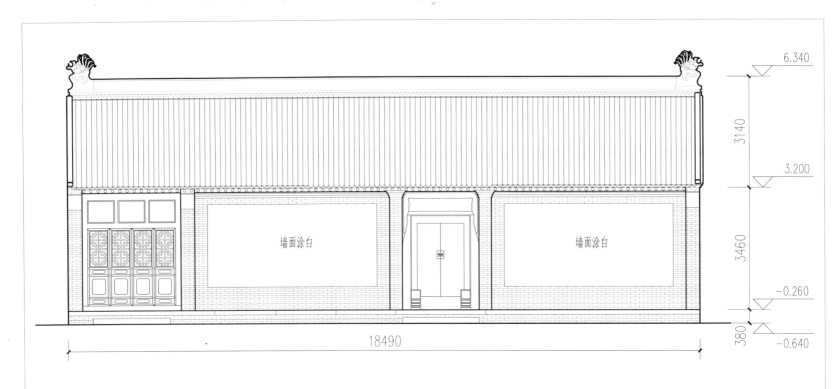

6.340

3140

3.200

3460

-0.260

380

-0.640

墙面涂白　　　　　　　　　尚前　　　　　墙面涂白

18490

门房北立面图

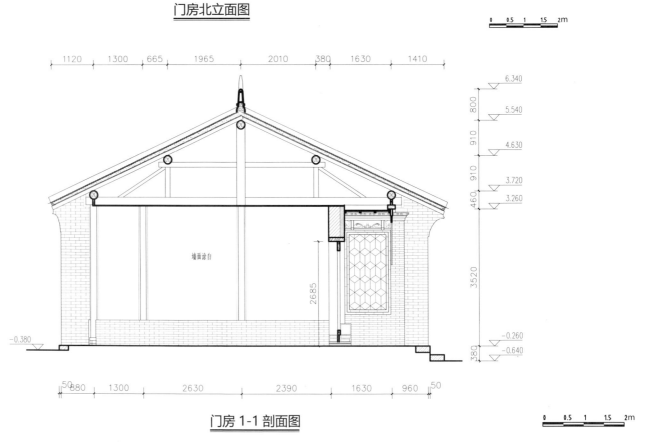

1120　1300　665　1965　2010　380　1630　1410

6.340

800

5.540

910

4.630

910

3.720

460

3.260

墙面涂白

2685

3520

-0.260

380

-0.640

-0.380

50　880　1300　2630　2390　1630　960　50

门房 1-1 剖面图

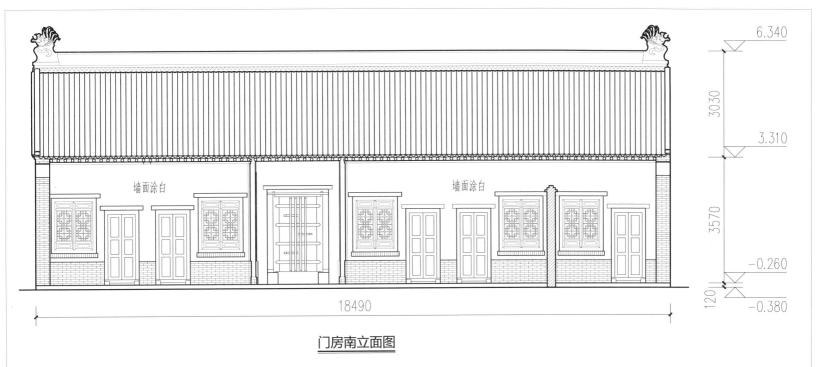

墙面涂白 墙面涂白

18490

门房南立面图

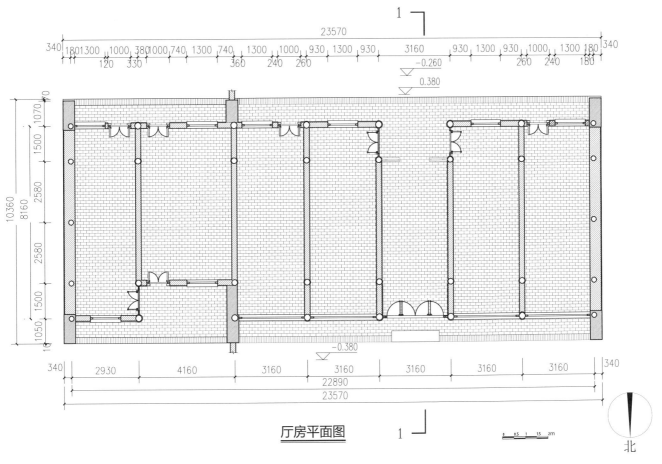

厅房平面图

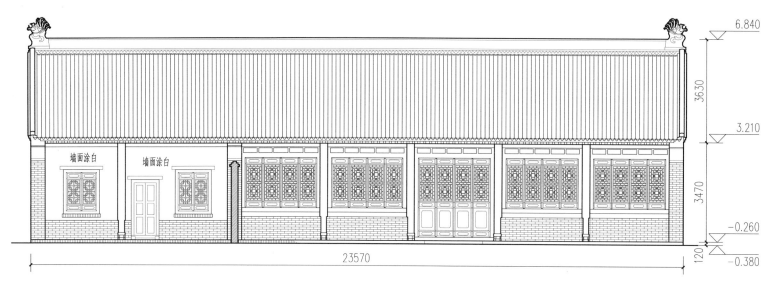

墙面涂白　墙面涂白

23570

厅房北立面图

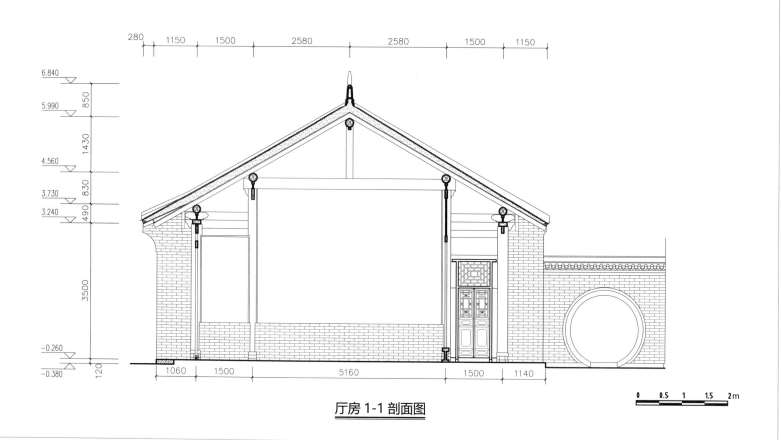

厅房 1-1 剖面图

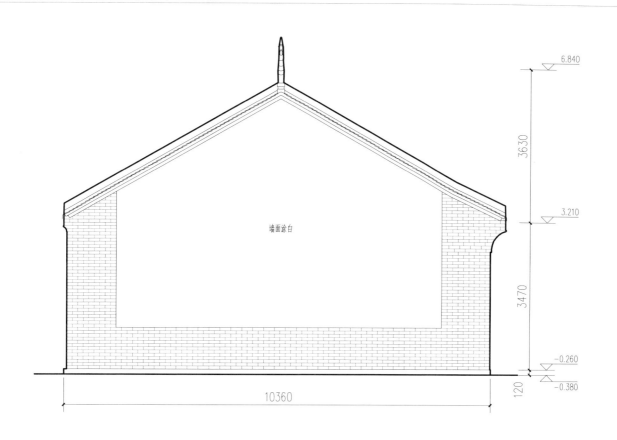

6.840

3630

3.210

3470

-0.260

-0.380

120

墙面涂白

10360

东侧立面图

6.840

3610

3.230

3490

-0.260

-0.380

120

墙面涂白　墙面涂白　　　墙面涂白　墙面涂白　　墙面涂白　墙面涂白

23570

厅房南立面图

0　0.5　1　1.5　2m

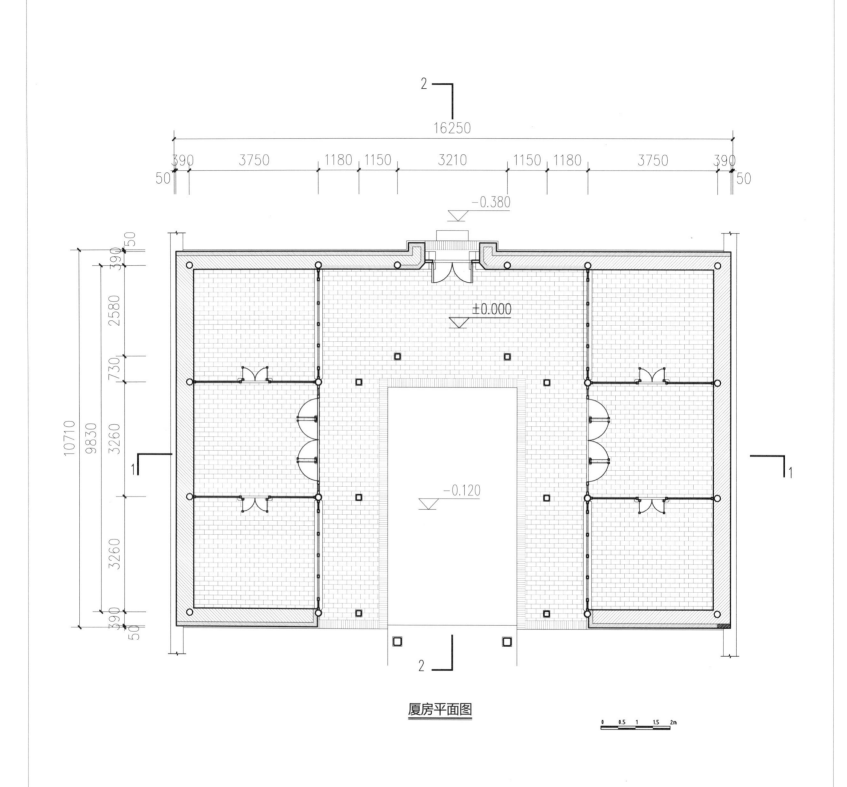

厦房平面图

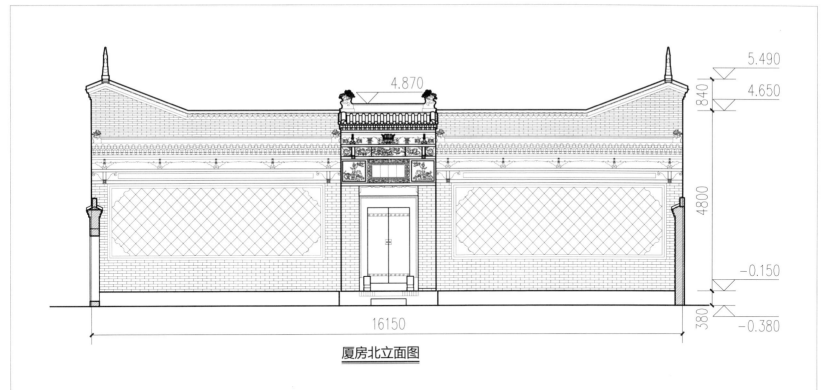

5.490

840

4.650

4.870

4800

−0.150

380

−0.380

16150

厦房北立面图

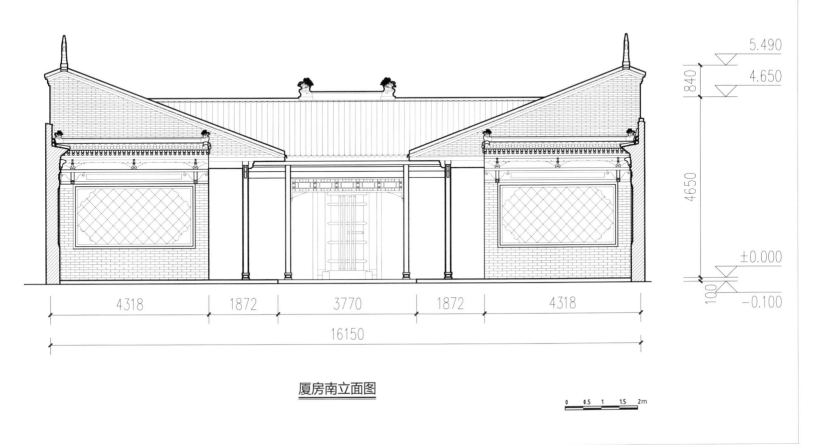

5.490

840

4.650

4650

±0.000

100

−0.100

4318   1872   3770   1872   4318

16150

厦房南立面图

0 0.5 1 1.5 2m

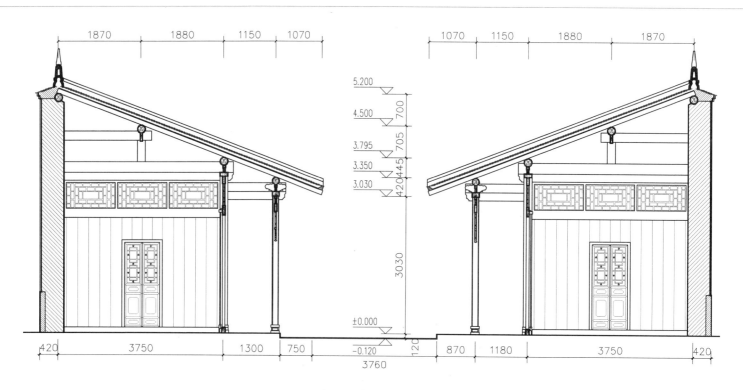

厦房 1-1 剖面图

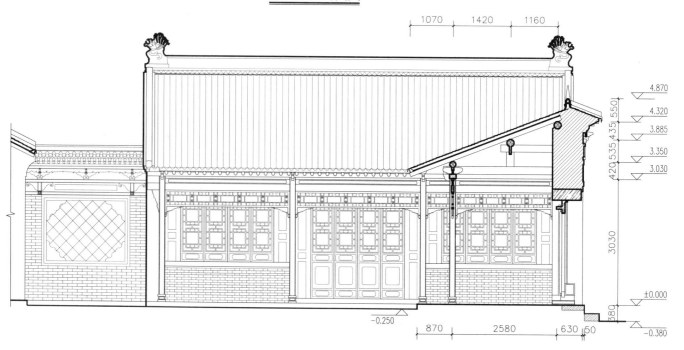

厦房 2-2 剖面图

0 0.5 1 1.5 2m

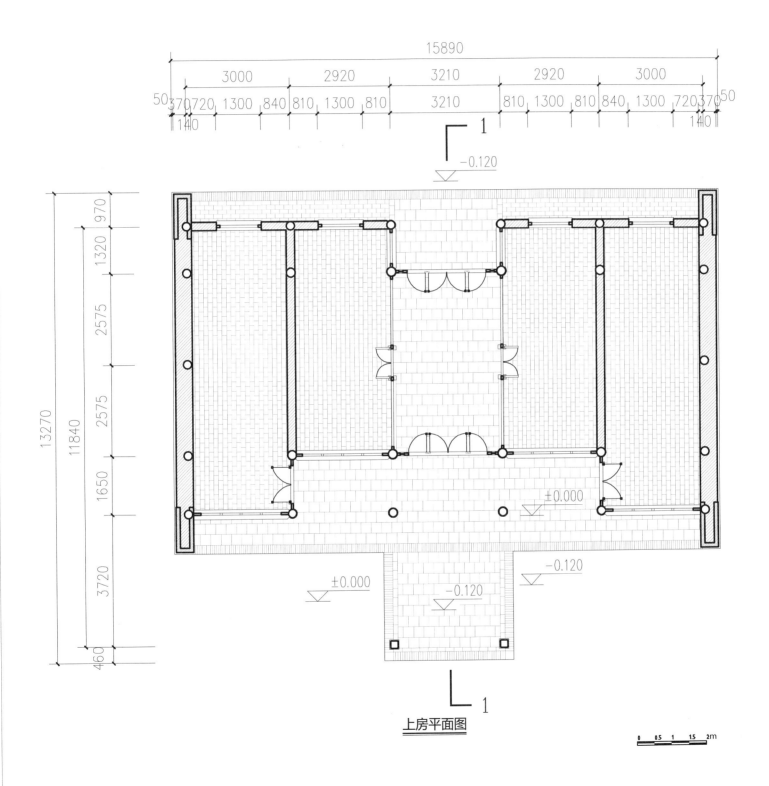

15890

3000　2920　3210　2920　3000

50 370 720 1300 840 810 1300 810　3210　810 1300 810 840 1300 720 370 50

140　140

1

−0.120

970
1320
2575
2575
1650
3720
460

13270
11840

±0.000

−0.120

±0.000

−0.120

1

上房平面图

0　0.5　1　1.5　2m

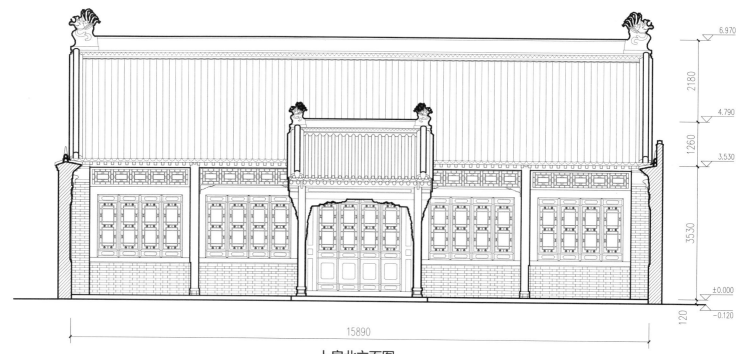

6.970

2180

4.790

1260

3.530

3530

±0.000

120

−0.120

15890

上房北立面图

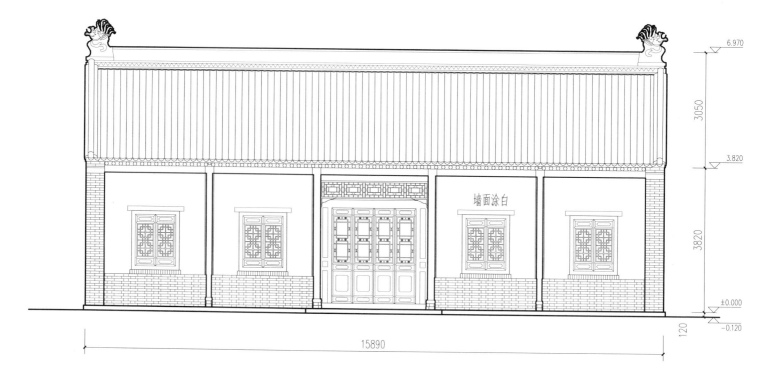

6.970

3050

3.820

墙面涂白

3820

±0.000

120

−0.120

15890

上房南立面图

0   0.5   1   1.5   2m

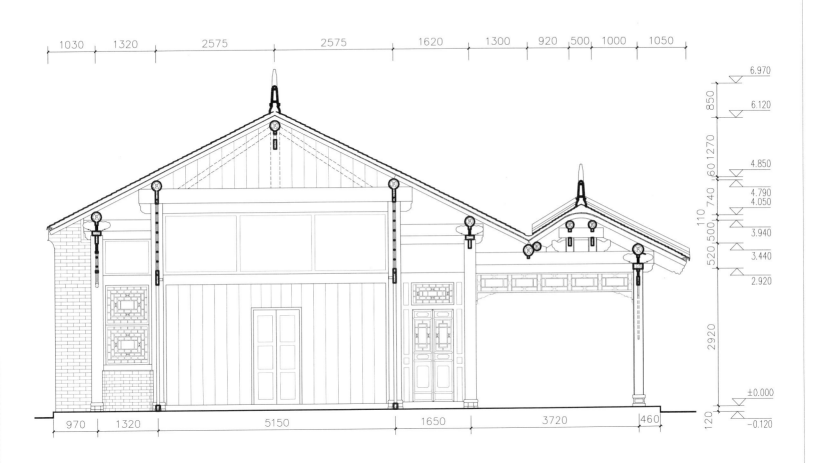

上房 1-1 剖面图

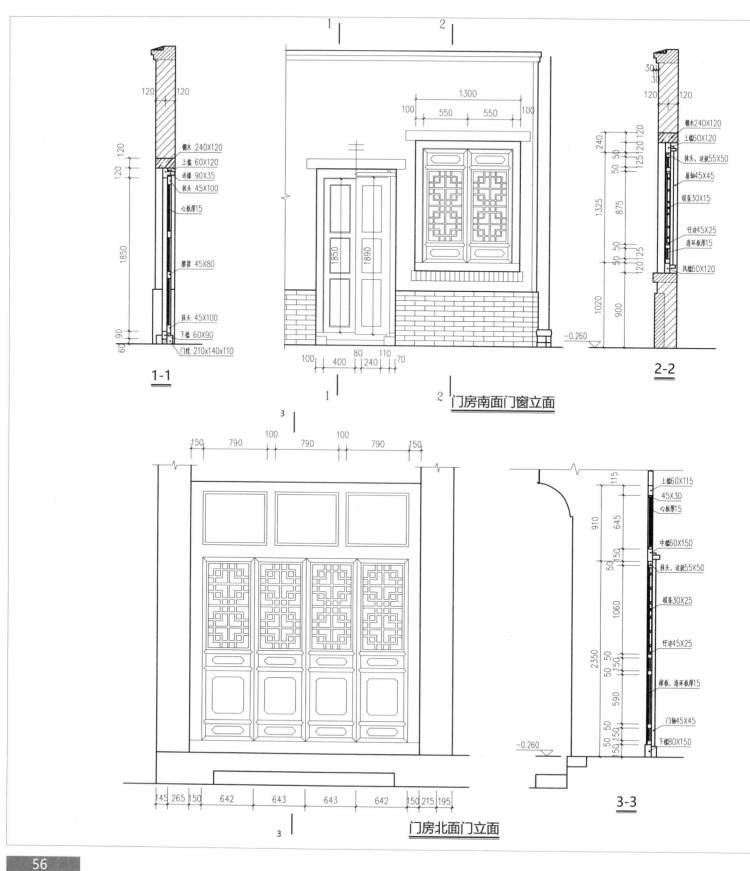

1-1

榫木 240X120
上槛 60X120
连槛 90X35
抹头 45X100
心板厚15
腰撑 45X80
抹头 45X100
下槛 60X90
门枕 210x140x110

120 120
120
120
1850
60 90

2-2

榫木 240X120
上槛 60X120
抹头、边框 55X50
扇轴 45X45
棂条 30X15
仔边 45X25
涤环板厚15
风槛 60X120

30 30
120 120
240
50 50
125 120 120
1325
875
50 50
120 125
1020
900
-0.260

门房南面门窗立面

1300
100 550 550 100
1850 1890
100 400 80 240 110 70

门房北面门立面

150 790 100 790 100 790 150
145 265 150 642 643 643 642 150 215 195

3-3

上槛 60X115
45X30
心板厚15
中槛 60X150
抹头、边框 55X50
棂条 30X25
仔边 45X25
裙板、涤环板厚15
门轴 45X45
下槛 80X150

115
910
645
50 150
1060
50 150
2350
590
50 150
50 150
-0.260

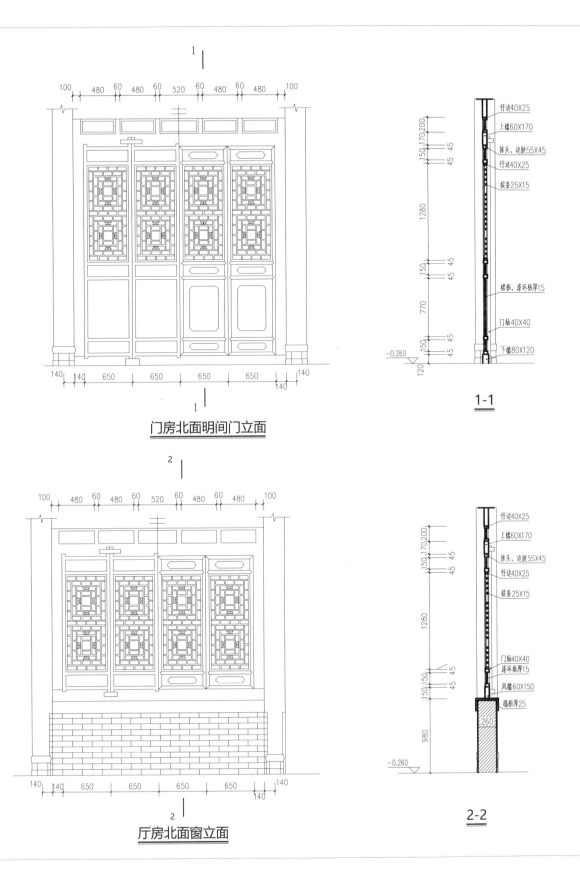

门房北面明间门立面

厅房北面窗立面

1-1

2-2

仔边40X25
上槛60X170
抹头、边挺55X45
仔边40X25
榥条25X15
裙板、绦环板厚15
门轴40X40
下槛80X120

仔边40X25
上槛60X170
抹头、边挺55X45
仔边40X25
榥条25X15
门轴40X40
绦环板厚15
风槛60X150
槛板厚25

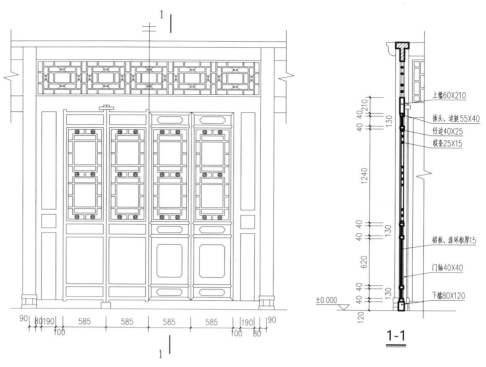

上槛60X210
抹头、边挺55X40
仔边40X25
棂条25X15

裙板、涤环板厚15
门轴40X40
下槛80X120

1-1

厦房明间门立面

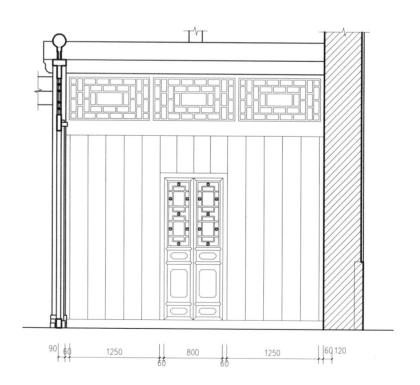

厦房隔断门立面

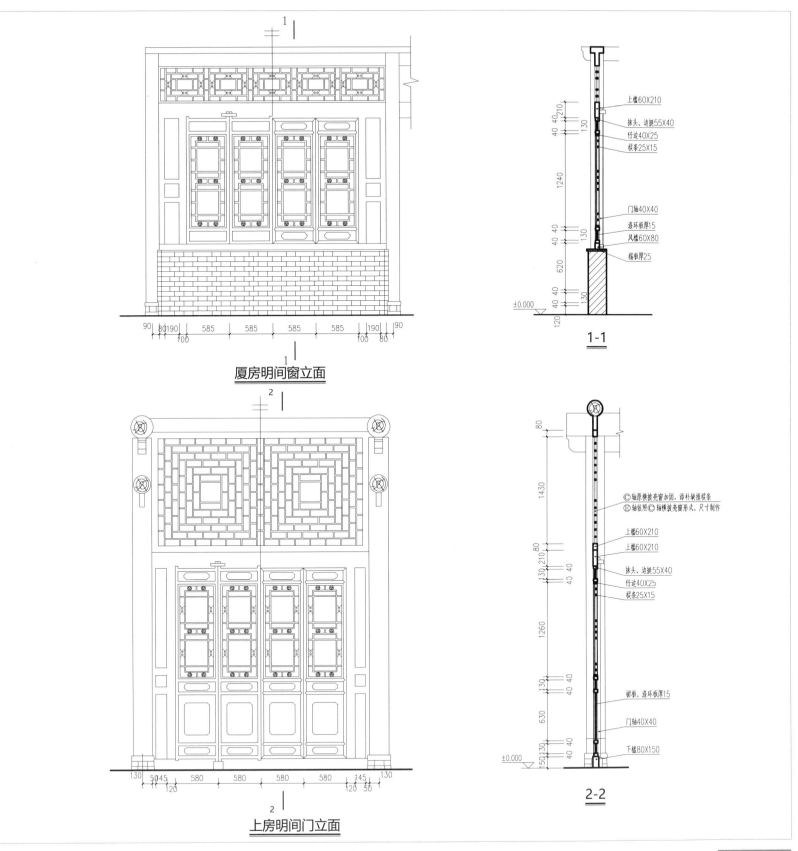

厦房明间窗立面

上房明间门立面

1-1

上槛60X210
抹头、边挺55X40
仔边40X25
棂条25X15

门轴40X40
落环板厚15
风槛60X80
楊板厚25

±0.000

2-2

Ⓒ轴原横披亮窗加固，添补缺损棂条
Ⓔ轴依照Ⓒ轴横披亮窗形式、尺寸制作

上槛60X210
上槛60X210
抹头、边挺55X40
仔边40X25
棂条25X15

裙板、落环板厚15

门轴40X40

下槛80X150

±0.000

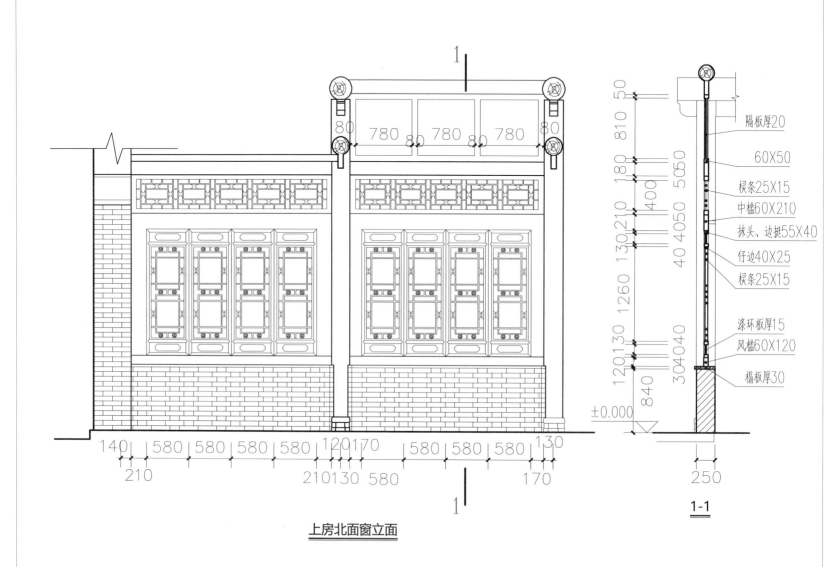

780　80　780　80　780

80　　　　　　　　　　80

隔板厚20

60X50

棂条25X15

中槛60X210

抹头、边挺55X40

仔边40X25

棂条25X15

涤环板厚15

风槛60X120

榻板厚30

±0.000

50　810　180　210　130　1260　120130

400　4050　40　4050　5050　3040

840

140　580　580　580　580　120170　580　580　580　130

210　　　　　　　210130　580　　　　170

250

1-1

上房北面窗立面

『光明巷45号、47号』

　　光明巷45、47号两院原是一户人家，现为两所宅院。南院（45号）仅剩后楼、南北厦房、夹道侧门。后楼两层，五檩条前后廊硬山，上储杂物，下为居室。抗战时期因遭日本飞机轰炸，北次间山墙塌毁，现下半部恢复，山尖部分无存。该楼雕饰保存完整，历史原有门窗上的雕花精美且有金漆粉饰。北院（47号）仅剩南北厦房和二道门。

光明巷45号

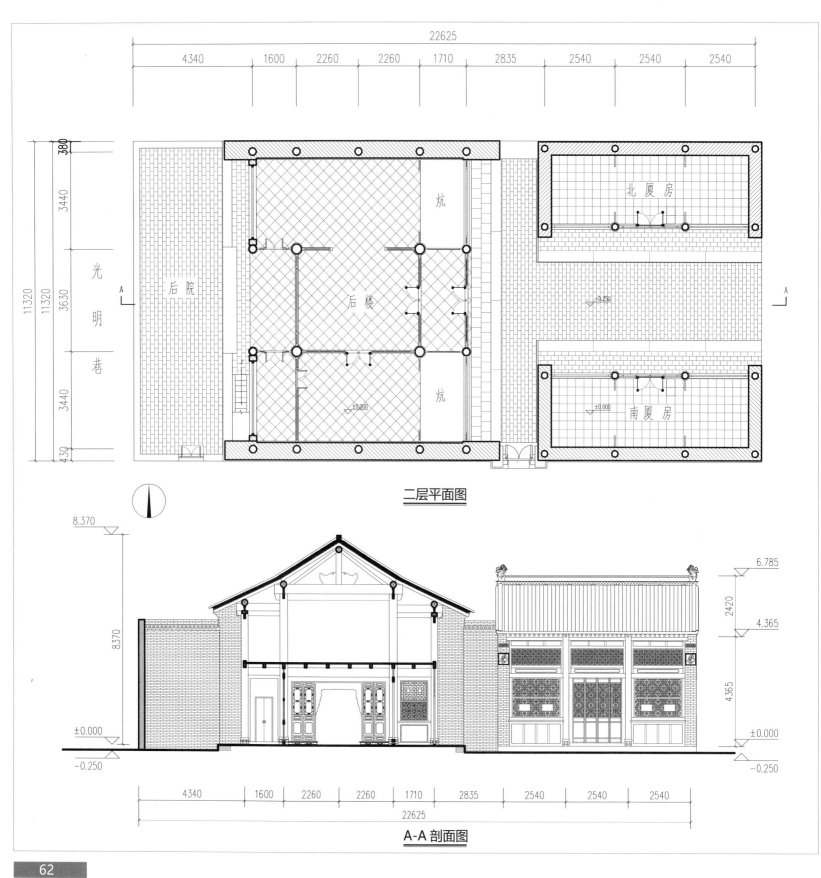

22625

4340　1600　2260　2260　1710　2835　2540　2540　2540

380

3440

11320　11320

3630

光明巷

3440

后院

430

后楼

炕

炕

±0.000

北厦房

-0.250

南厦房

±0.000

二层平面图

8.370

±0.000

8370

-0.250

6.785

2420

4.365

4.365

±0.000

-0.250

4340　1600　2260　2260　1710　2835　2540　2540　2540

22625

A-A 剖面图

8.232

2880

5.352

1676

3.676

二楼部分已损毁

3676

±0.00C

220

-0.22C

11850

东立面图

8.232

2857

5.376

5376

±0.000

11270

西立面图

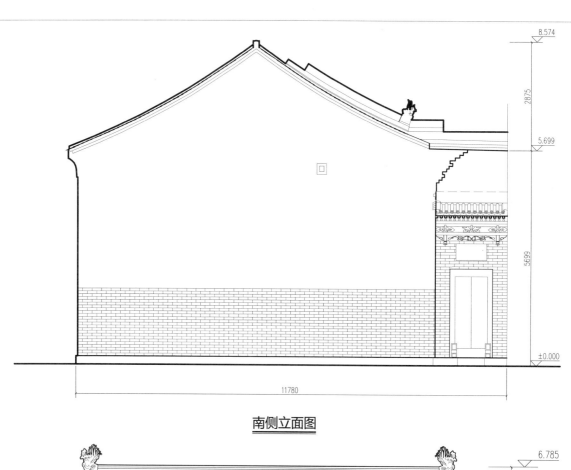

8.574

2875

5.699

5699

11780

南侧立面图

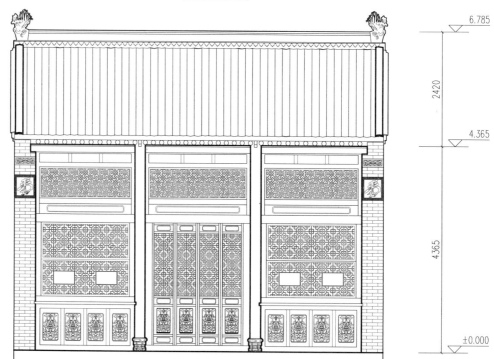

6.785

2420

4.365

4365

±0.000

−0.250

厦房北立面图

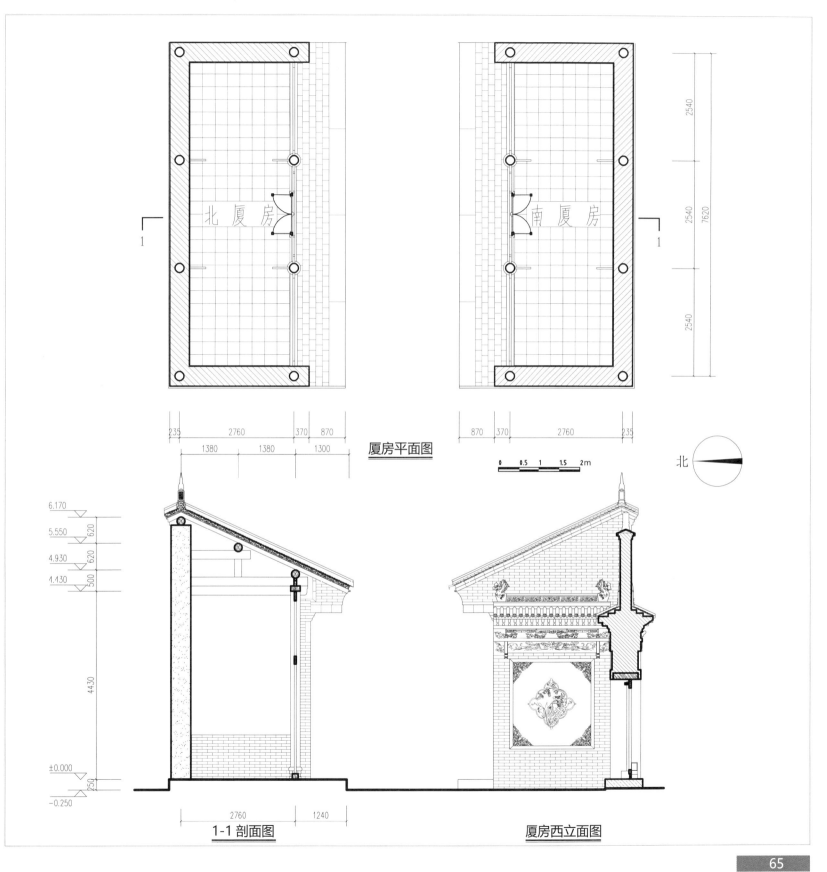

北厦房

南厦房

2540

2540

7620

2540

厦房平面图

235 2760 370 870

1380 1380 1300

870 370 2760 235

0 0.5 1 1.5 2m

北

6.170

5.550 620

4.930 620

4.430 500

4430

±0.000

250

−0.250

2760 1240

1-1 剖面图

厦房西立面图

65

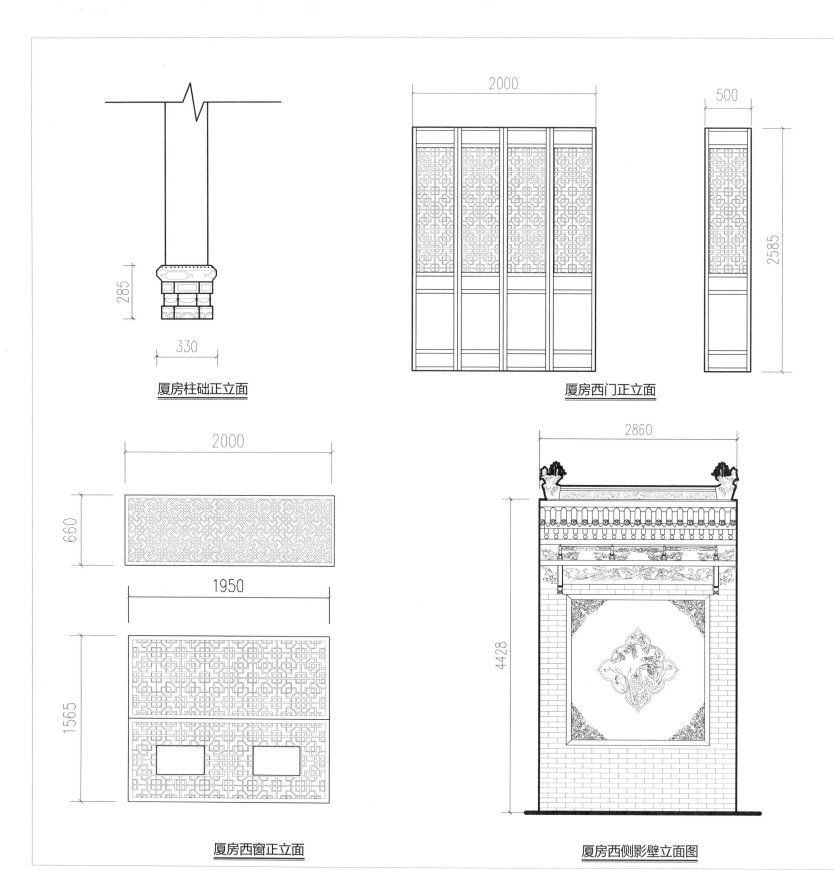

2000

500

2585

厦房西门正立面

285

330

厦房柱础正立面

2000

660

1950

1565

厦房西窗正立面

2860

4428

厦房西侧影壁立面图

光明巷 47 号

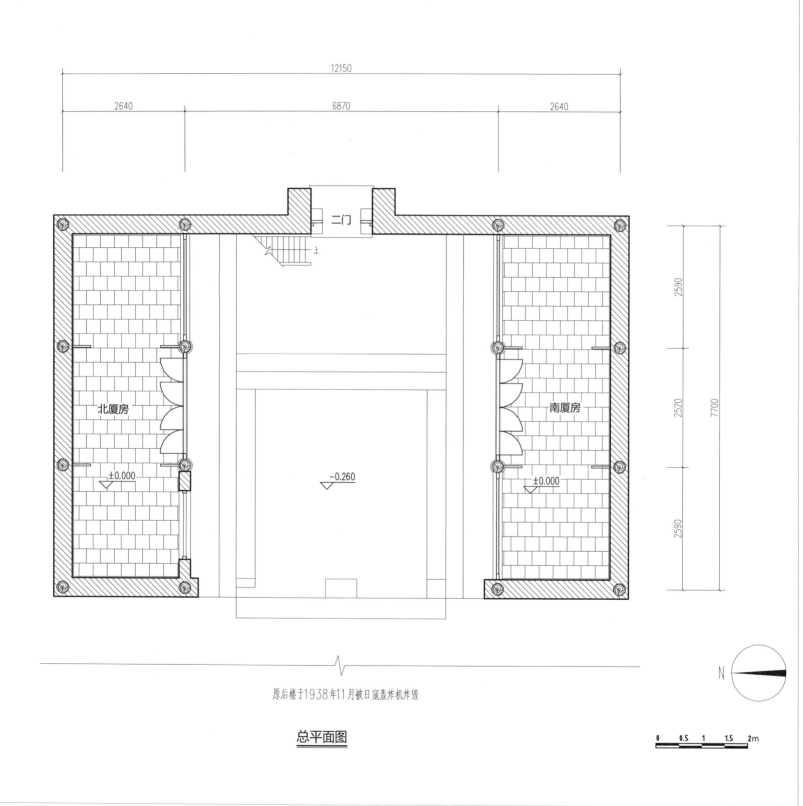

12150

2640   6870   2640

二门

上

北厦房

±0.000

−0.260

南厦房

±0.000

2590

2520

2590

7700

N

原后楼于1938年11月被日寇轰炸机炸毁

总平面图

0   0.5   1   1.5   2m

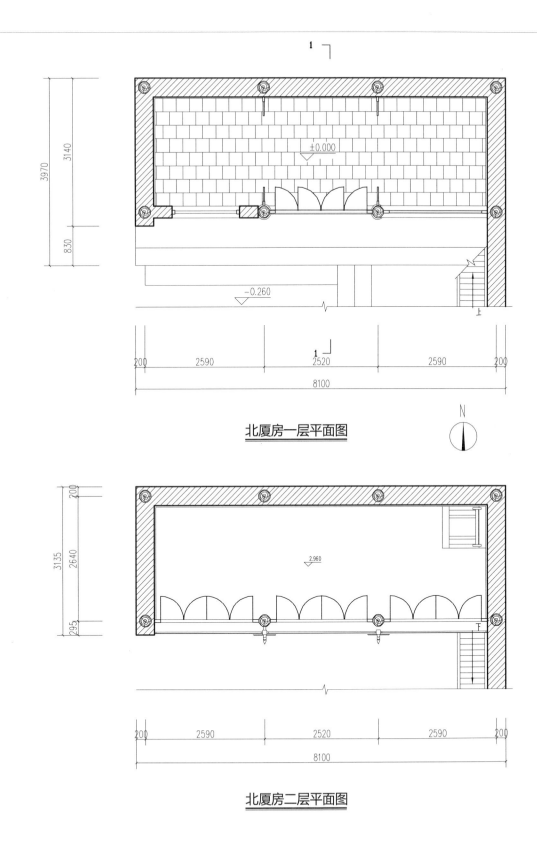

±0.000

3970
3140
830

−0.260

200 2590 2520 2590 200
8100

北厦房一层平面图

N

2.960

200
3135
2640
295

200 2590 2520 2590 200
8100

北厦房二层平面图

7.166

2556

4.610

1795

2.815

2815

±0.000

260

-0.260

8100

北厦房南立面图

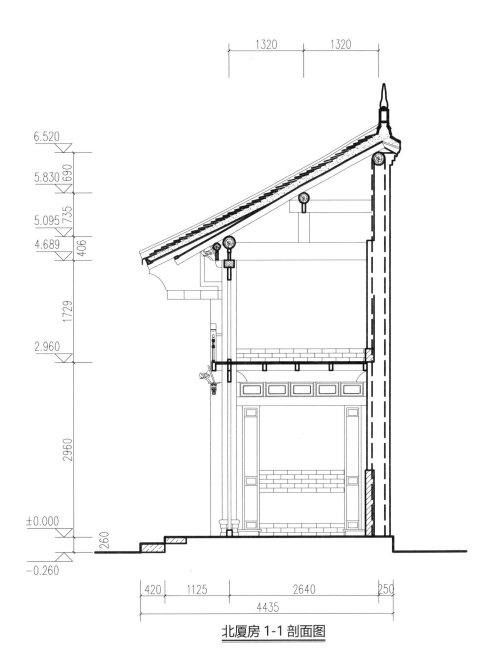

北厦房 1-1 剖面图

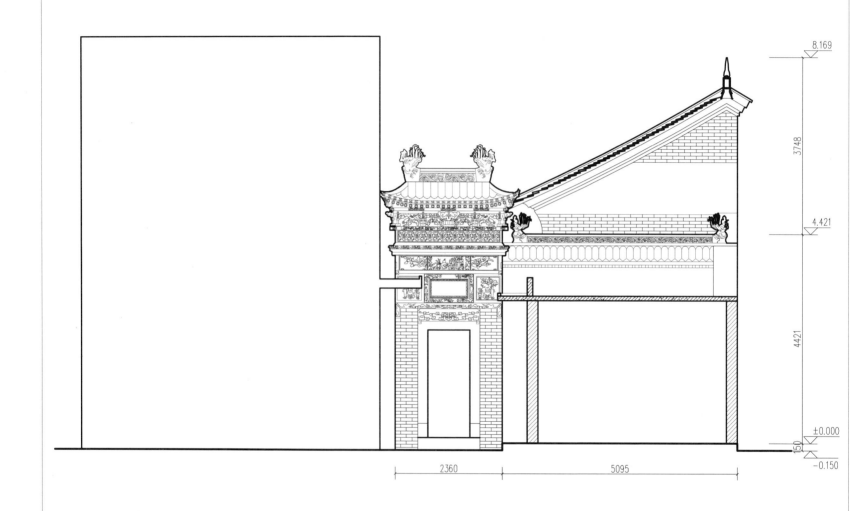

8.169

3748

4.421

4421

±0.000

150

−0.150

2360

5095

北厦房东侧立面图

0 0.5 1 1.5 2m

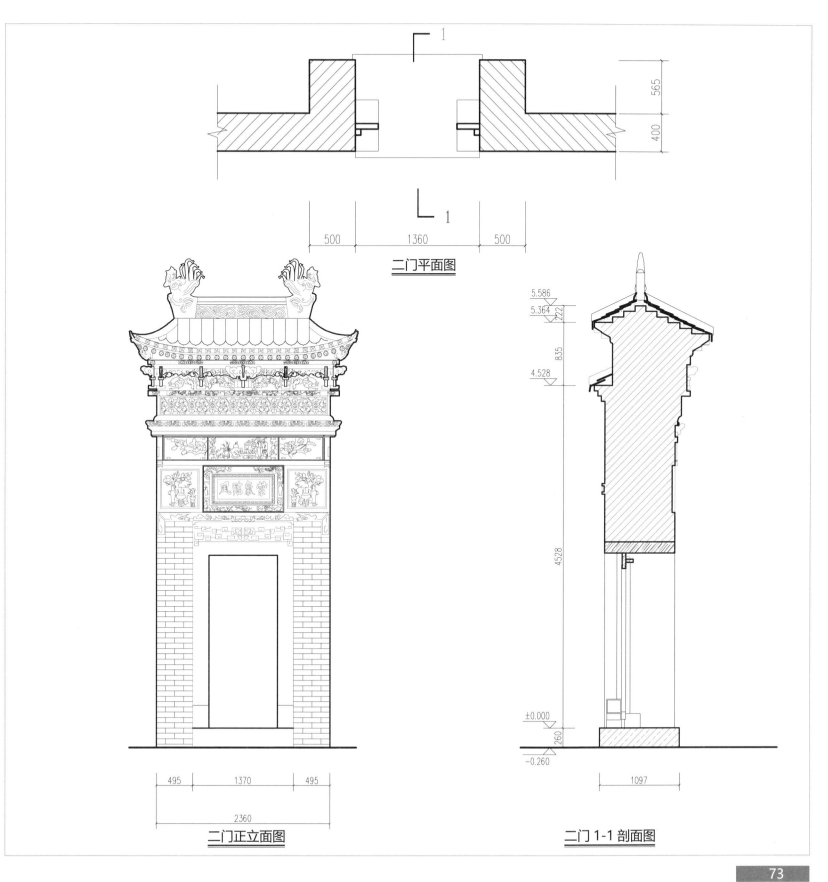

1

1

565

400

500   1360   500

二门平面图

5.586
5.364
222
835
4.528

4528

±0.000
260
−0.260

1097

495   1370   495

2360

二门正立面图

二门 1-1 剖面图

崇陽氣陽凤

『大皮院109号』

大皮院在明洪武年间以经营皮业得名。109号院为清式传统民居，格局破坏严重，仅剩一座二层厅房。厅房面阔三间，门扇、窗扇、花罩及柱础石均有雕刻，样式古朴大方。

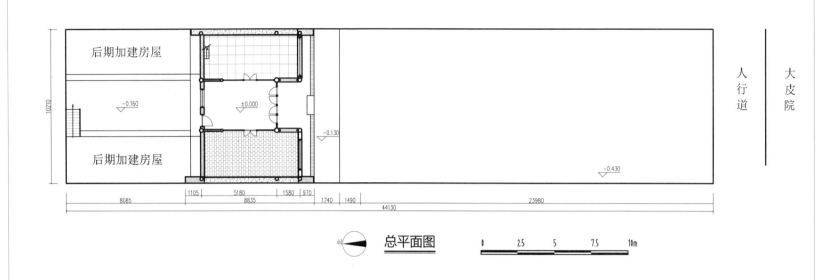

后期加建房屋

−0.160

±0.000

−0.130

后期加建房屋

−0.430

人行道

大皮院

总平面图

0 2.5 5 7.5 10m

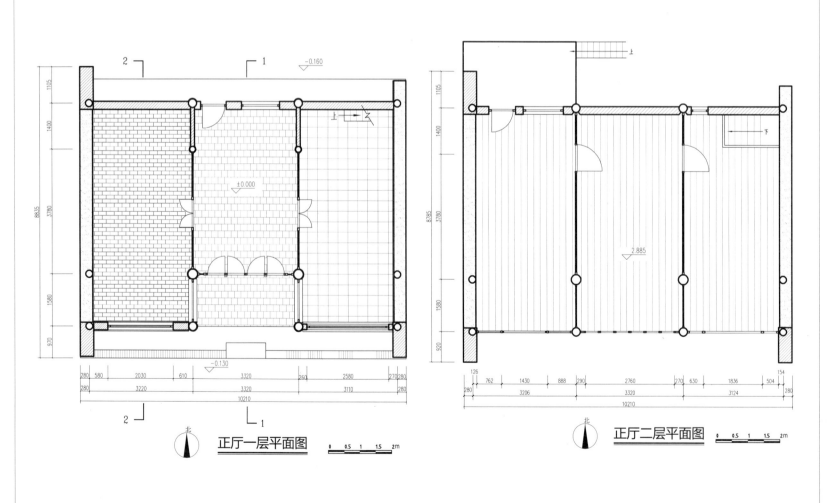

−0.160

±0.000

−0.130

2.885

北 正厅一层平面图

0 0.5 1 1.5 2m

北 正厅二层平面图

0 0.5 1 1.5 2m

7.240

2622

4.618

4618

±0.000

130

−0.130

10210

正厅正立面图　　0　0.5　1　1.5　2m

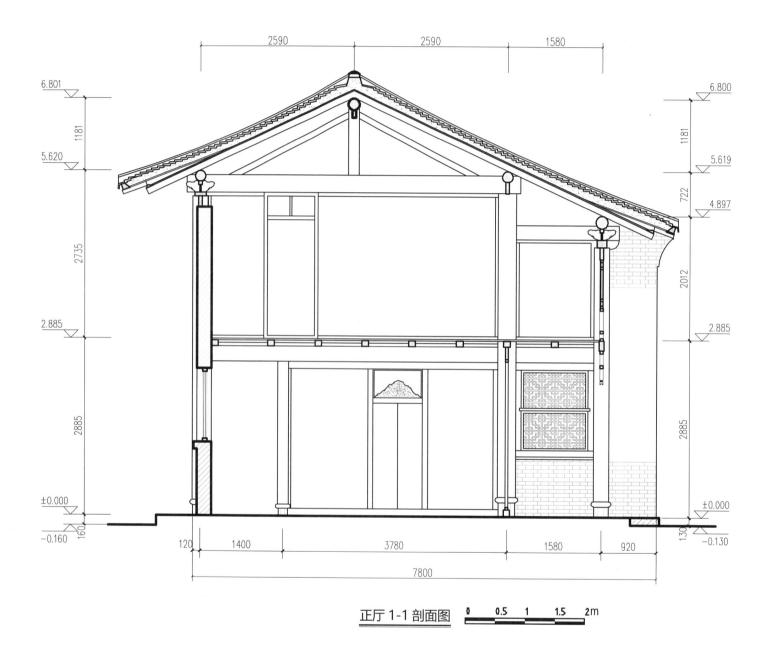

正厅 1-1 剖面图

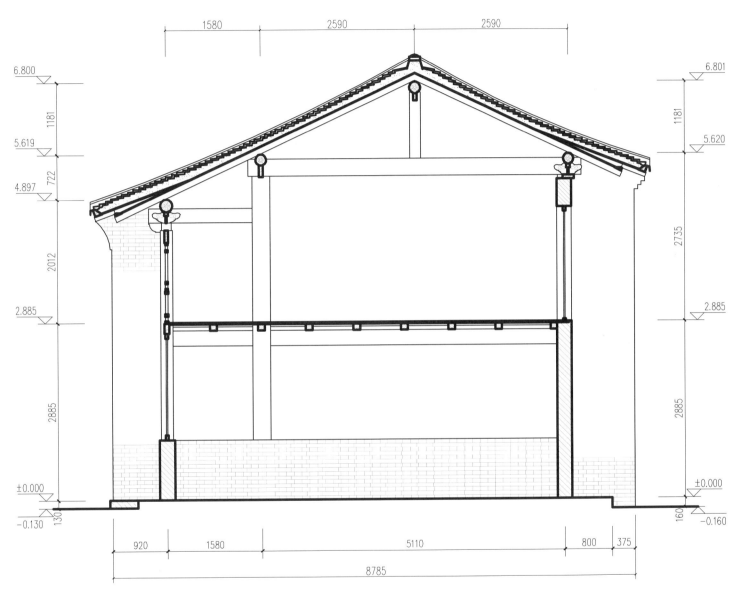

正厅 2-2 剖面图

『大皮院 **8 7** 号』

该宅为民国时期所建，基本格局已不存，现仅剩厅房一座。该厅房为砖木混合结构，前檐墙为青砖墙体，山墙及后檐墙均为青砖下碱、土坯墙身。正门为内凹式，门窗均有不同样式的精美图案。

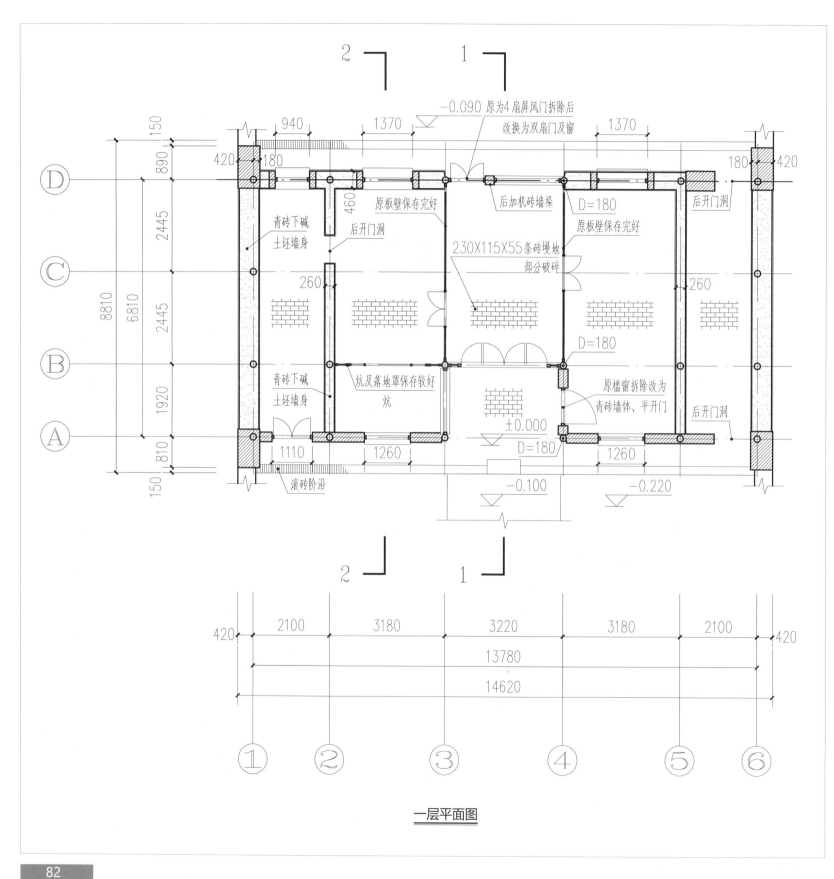

一层平面图

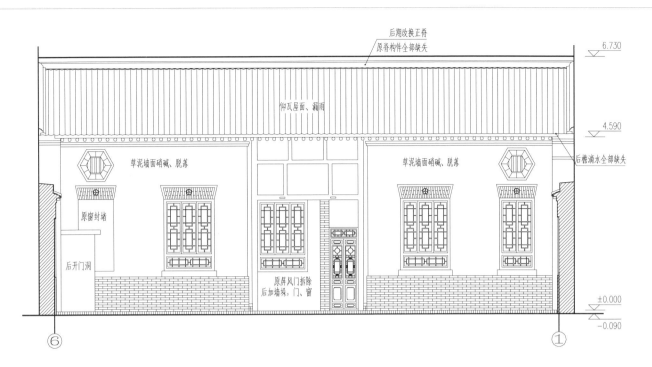

北立面图

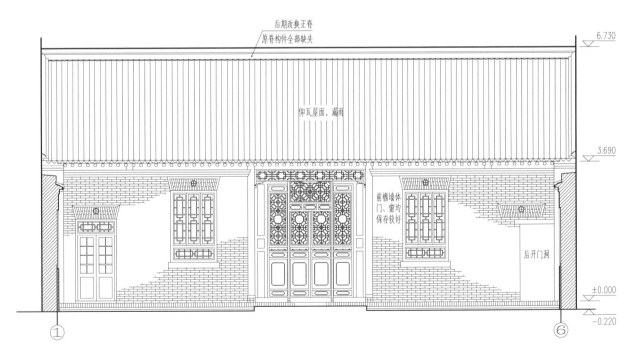

南立面图

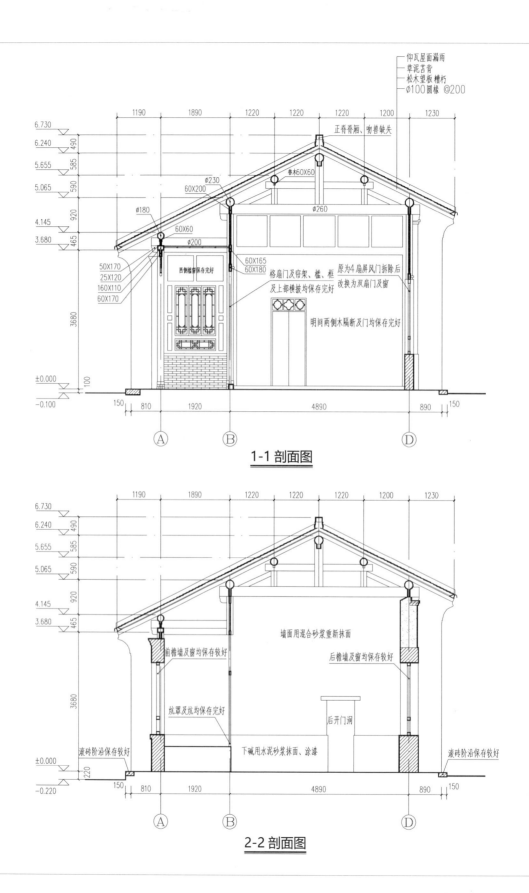

仰瓦屋面漏雨
草泥苫背
松木望板 槽杴
∅100圆椽 @200

6.730
6.240   490
5.655   585
5.065   590
4.145   920
3.680   465

正脊脊腼、吻兽缺失

∅230
60X200   兽木60X60

∅260

∅180
60X60
∅200

50X170
25X120
160X110
60X170

西侧槛窗保存完好

60X165
60X180

格扇门及帘架、槛、框
及上部横披均保存完好

原为4扇屏风门拆除后
改换为双扇门及窗

明间两侧木隔断及门均保存完好

3680

±0.000
100
−0.100

150   810   1920   4890   890 150

Ⓐ   Ⓑ   Ⓓ

1-1 剖面图

6.730
6.240   490
5.655   585
5.065   590
4.145   920
3.680   465

墙面用混合砂浆重新抹面

前檐墙及窗均保存较好

后檐墙及窗均保存较好

炕罩及炕均保存完好

滚砖阶沿保存较好

3680

后开门洞

下碱用水泥砂浆抹面、涂漆

滚砖阶沿保存较好

±0.000
220
−0.220

150   810   1920   4890   890 150

Ⓐ   Ⓑ   Ⓓ

2-2 剖面图

　　大皮院在明洪武年间以经营皮业得名。105号宅院为清式传统民居，格局已基本不存，仅剩门房、厦房、上房各一间和一段穿廊，样式皆古朴简单，雕饰不多。厦房在后期已有局部改造，墙体全部红砖砌筑。

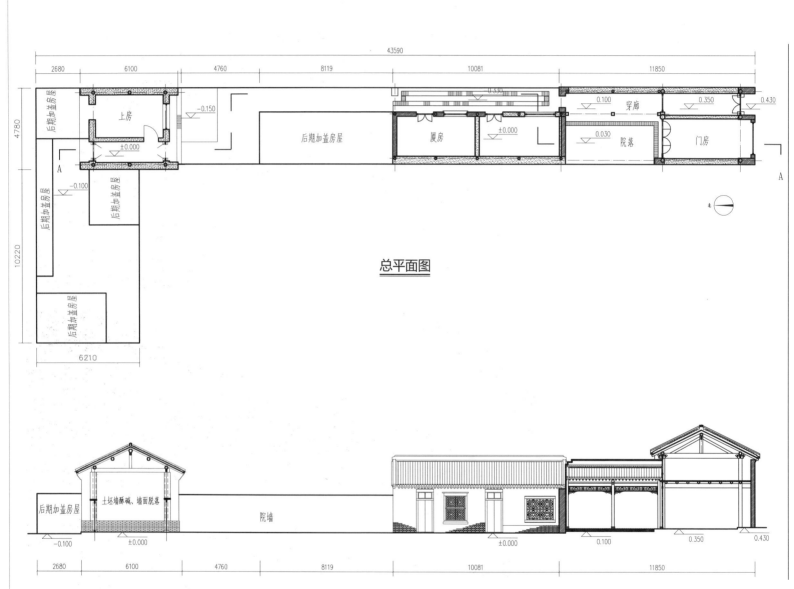

43590

2680 6100 4760 8119 10081 11850

4780

后期加盖房屋

上房

−0.150

±0.000

后期加盖房屋

±0.000

厦房

0.330

±0.000

穿廊

0.100

院落

0.030

0.350

门房

0.430

后期加盖房屋

−0.100

后期加盖房屋

10220

后期加盖房屋

总平面图

6210

大皮院街道

后期加盖房屋

土坯墙酥碱、墙面脱落

−0.100 ±0.000

院墙

±0.000

0.100

0.350 0.430

2680 6100 4760 8119 10081 11850

A-A 剖面图

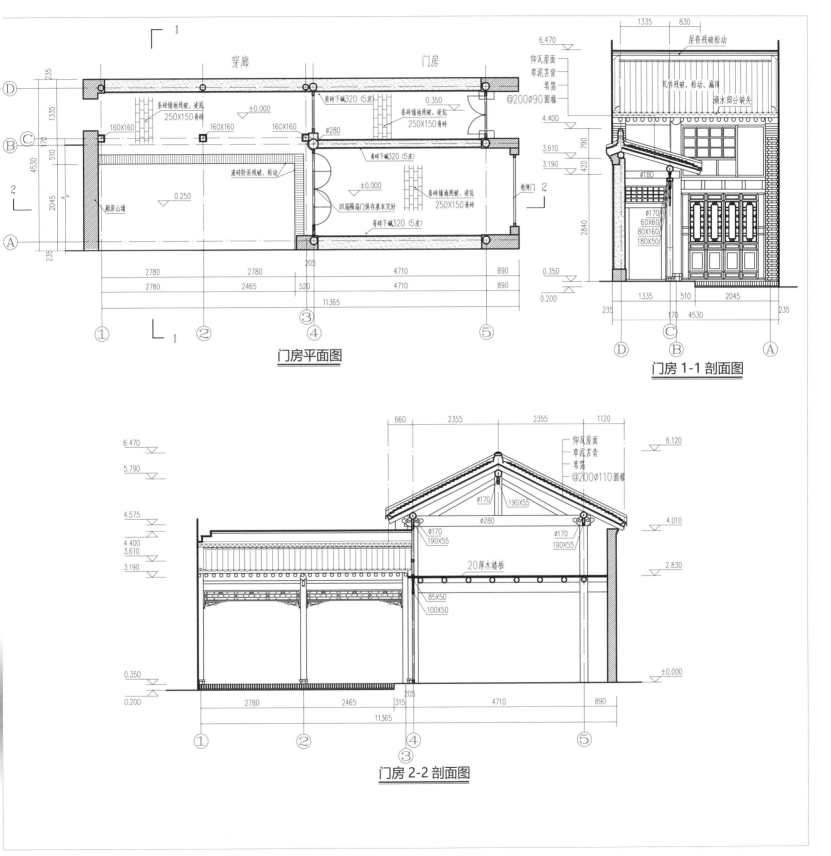

穿廊　　　　　　　　　　　　门房

条砖铺地残破、凌乱
250×150青砖

160×160　　　±0.000　　　160×160　　　160×160

青砖下碱320（5皮）

0.350

条砖铺地残破、凌乱
250×150青砖

屋脊残破松动

仰瓦屋面
草泥苦背
苇箔
@200ø90圆椽

瓦件残破、松动、漏雨

滴水部分缺失

厢房山墙

滚砖阶沿残破、松动

青砖下碱320（5皮）

±0.000

四扇隔扇门保存基本完好

条砖铺地残破、凌乱
250×150青砖

青砖下碱320（5皮）

卷闸门

ø280

ø180

ø170
60×60
80×160
180×50

门房平面图

门房 1-1 剖面图

仰瓦屋面
草泥苦背
苇箔
@200ø110圆椽

ø170
190×55

ø280

ø170
190×55

20厚木楼板

85×50
100×50

门房 2-2 剖面图

87

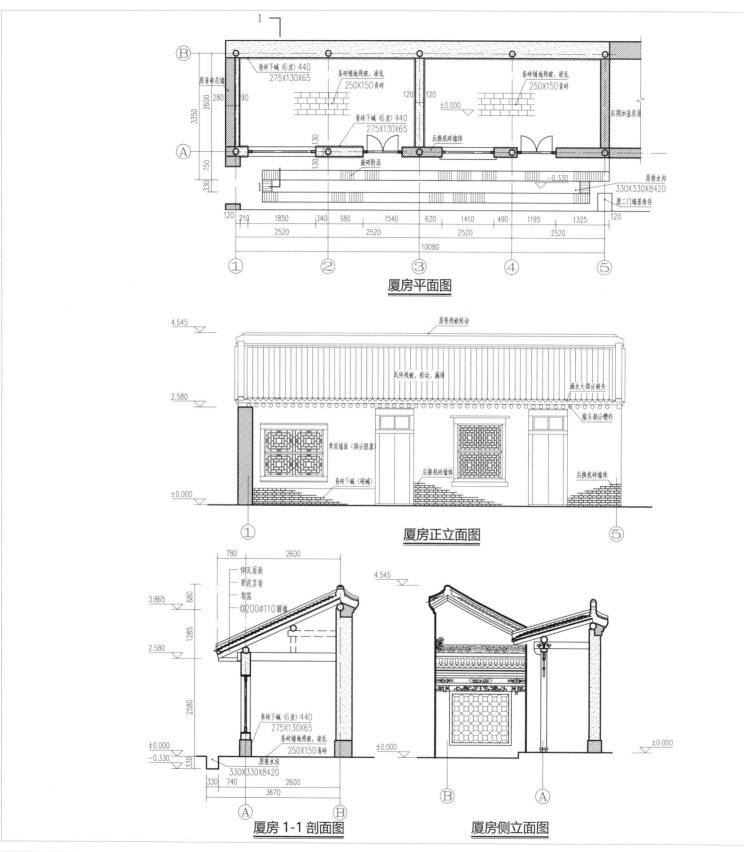

青砖下碱(6皮) 440
275X130X65

条砖铺地残破、凌乱
250X150青砖

条砖铺地残破、凌乱
250X150青砖

原青砖花墙

后期加盖房屋

±0.000

青砖下碱(6皮) 440
275X130X65

后换机砖墙体

滚砖阶沿

−0.330

原排水沟
330X330X8420

原二门墙基尚存

3350
2600
280
90
750
130
130
330
120
120

120 210 1850 340 980 1540 620 1410 490 1195 1325 120
2520 2520 2520 2520
10080

① ② ③ ④ ⑤

厦房平面图

4.545

屋脊残破松动

瓦件残破、松动、漏雨

滴水大部分缺失

2.580

草泥墙面(部分脱落)

椽头部分糟朽

青砖下碱(酥碱)

后换机砖墙体

后换机砖墙体

±0.000

① ⑤

厦房正立面图

780 2600

仰瓦屋面
草泥苦背
荆箔
@200∅110圆椽

3.865
680
2.580
1285
2580
±0.000
−0.330
330

青砖下碱(6皮) 440
275X130X65

条砖铺地残破、凌乱
250X150青砖

原排水沟
330X330X8420

330 740 2600
3670

Ⓐ Ⓑ

厦房 1-1 剖面图

4.545

2.580

±0.000

±0.000

Ⓑ Ⓐ

厦房侧立面图

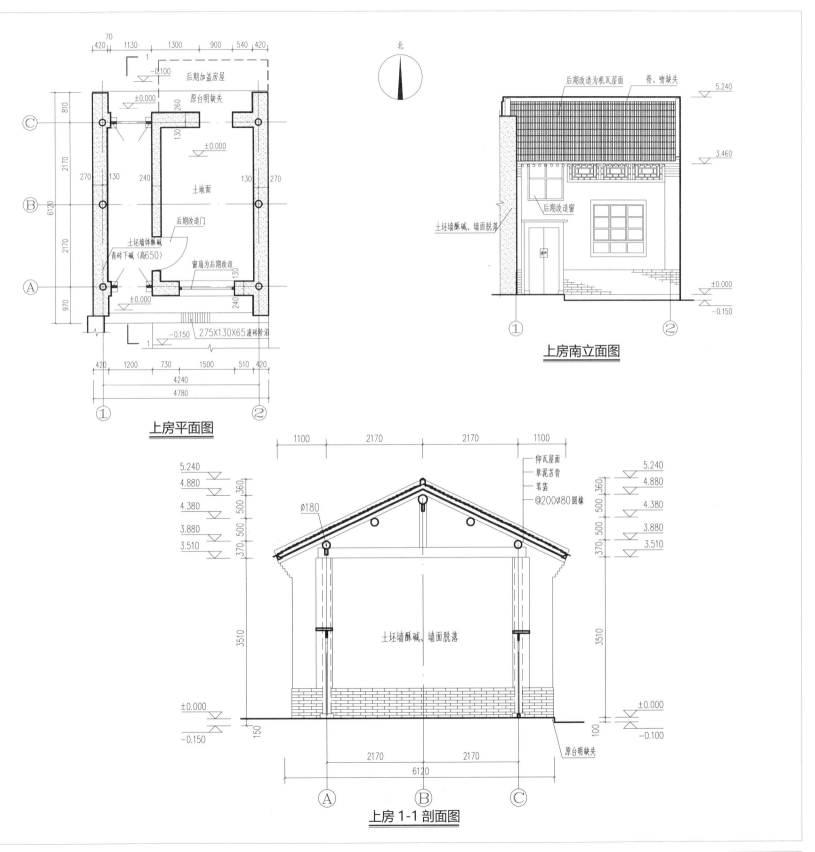

上房平面图

上房南立面图

上房 1-1 剖面图

北

后期加盖房屋
原台明缺失
±0.000
-0.100
土坏墙体酥碱
青砖下碱（高650）
窗扇为后期改造
后期改造门
土地面
±0.000
275X130X65滚砖阶沿
±0.000
-0.150

后期改造为机瓦屋面
脊、吻缺失
5.240
3.460
后期改造窗
土坏墙酥碱、墙面脱落
±0.000
-0.150

仰瓦屋面
草泥苫背
苇箔
@200∅80圆椽
∅180
土坏墙酥碱、墙面脱落
5.240
4.880
4.380
3.880
3.510
±0.000
-0.150
±0.000
-0.100
原台明缺失

　　该宅位于回民街区西羊市内，为清式传统民居，格局保存较完整，前后两进院外加一个较大的后院。大门位于门房正中，穿过厅房、砖砌二道门和典型的狭长院落，迎面正中立着二层上房，穿过一层可通往后院。

　　二道门有精美砖雕图案，上刻"福履绥之"四字匾额；东西厦房各四间，对称布置；厅房与上房均面阔三间，木雕精美，其中上房为二层小楼样式。目前，该宅多家回民住户居住，上房二层作为仓库。

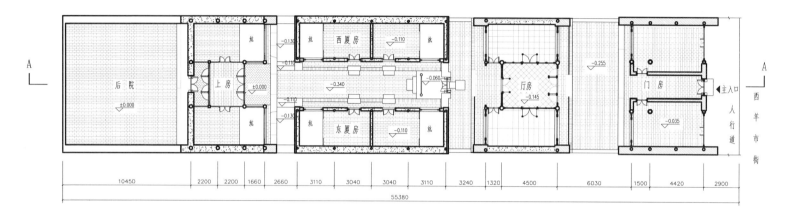

总平面图

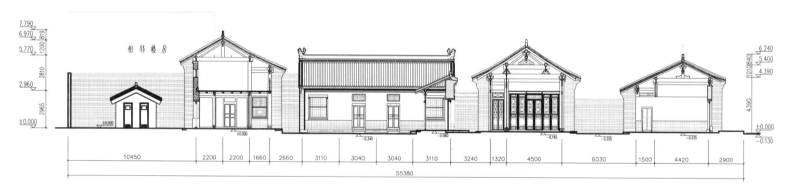

A-A 剖面图

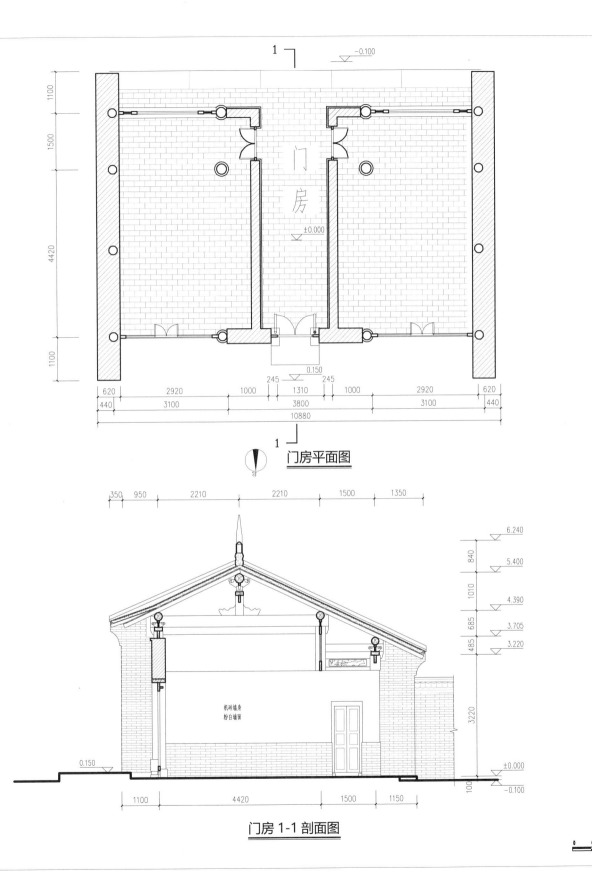

−0.100

1100
1500
4420
1100

1

门
房

±0.000

0.150

245   245

620   2920   1000   1310   1000   2920   620
440   3100   3800   3100   440
10880

1

北   门房平面图

350   950   2210   2210   1500   1350

6.240
840
5.400
1010
4.390
685
3.705
485
3.220

机砖墙身
粉白墙面

3220

0.150

±0.000
100
−0.100

1100   4420   1500   1150

门房 1-1 剖面图

0   0.5   1   1.5   2m

机砖墙身
粉白墙面

6.240

3020

3.220

3220

±0.000

-0.100

100

11005

门房南立面图

6.240

2242

0.150

3848

0.150

11005

门房北立面图

0 0.5 1 1.5 2m

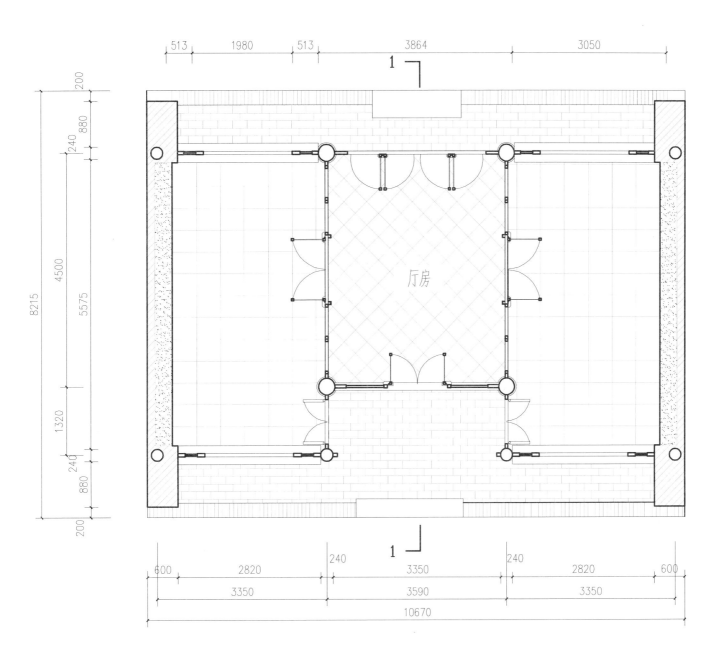

厅房平面图

7.370

3175

4.195

4195

±0.000

110

−0.110

10670

厅房北立面图

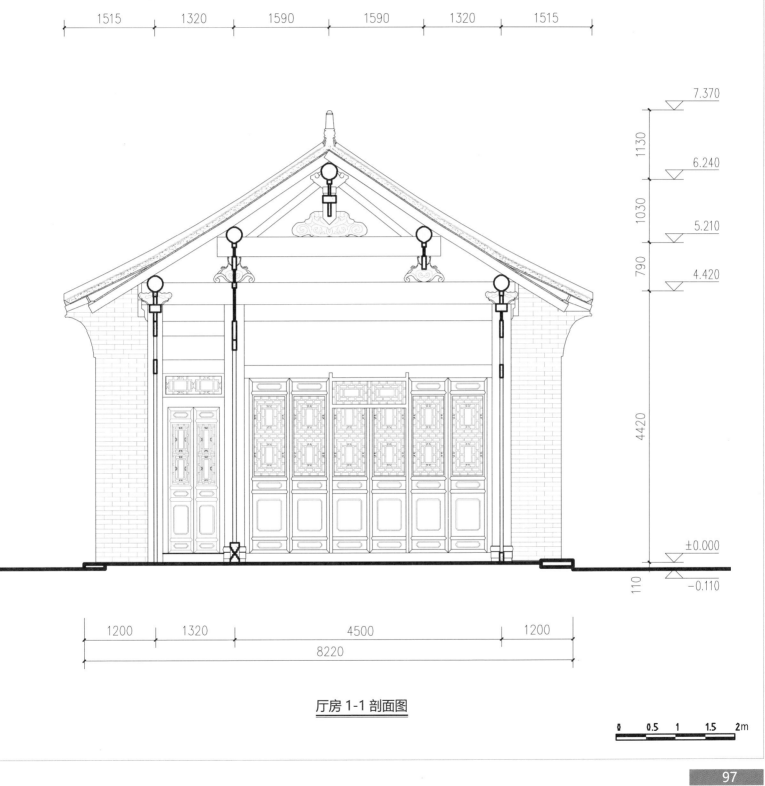

1515 1320 1590 1590 1320 1515

7.370
1130
6.240
1030
5.210
790
4.420

4420

±0.000
110
−0.110

1200 1320 4500 1200
8220

厅房 1-1 剖面图

0 0.5 1 1.5 2m

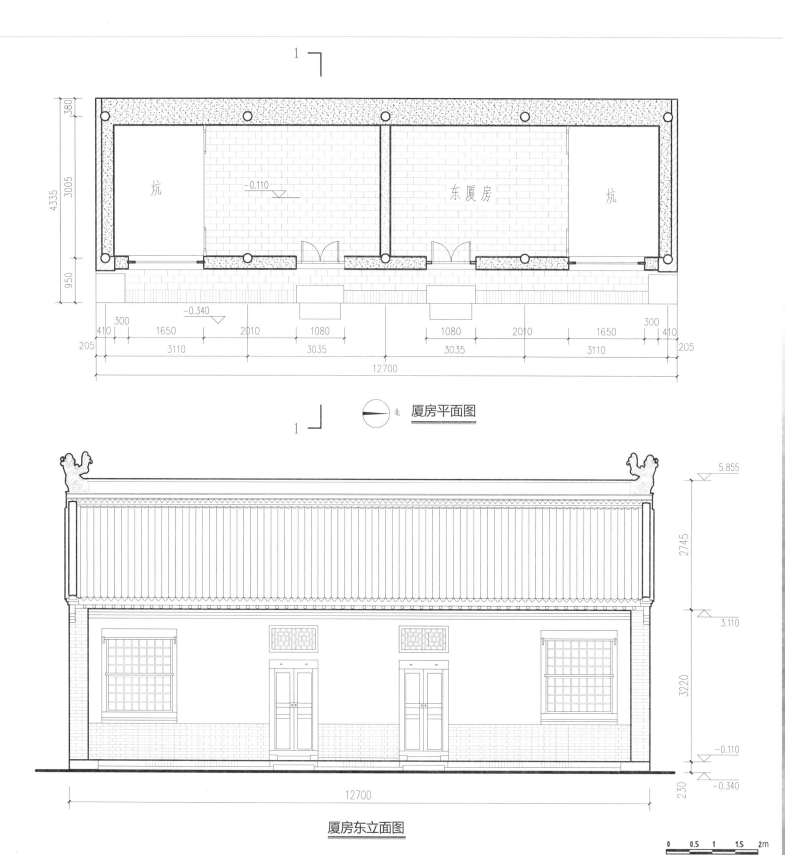

炕　　　　　　−0.110 ▽　　　　　　　　　　　　　　　東厦房　　　　　　　　　炕

厦房平面图

厦房东立面图

5.855

3.110

−0.110

−0.340

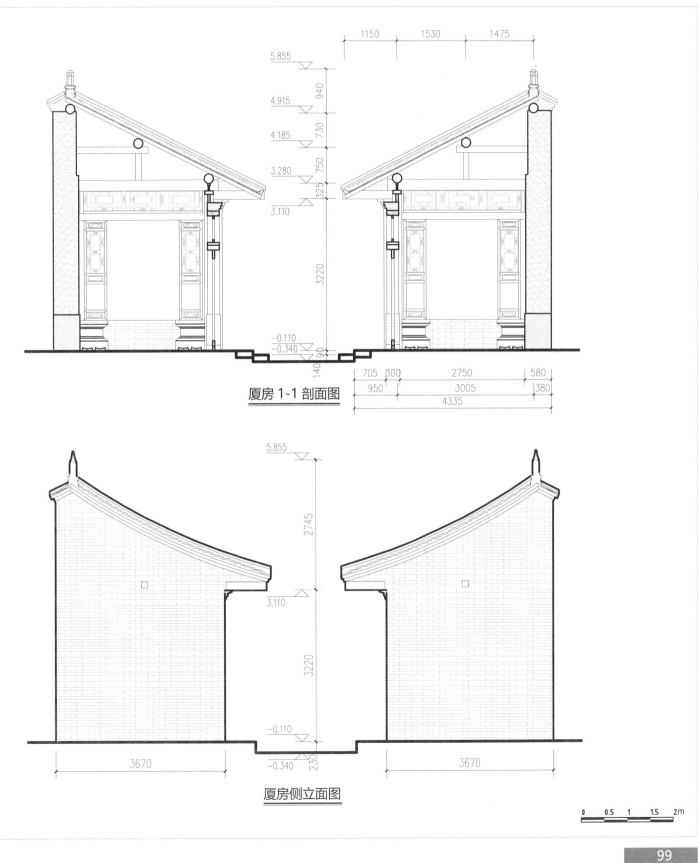

厦房 1-1 剖面图

厦房侧立面图

0 0.5 1 1.5 2m

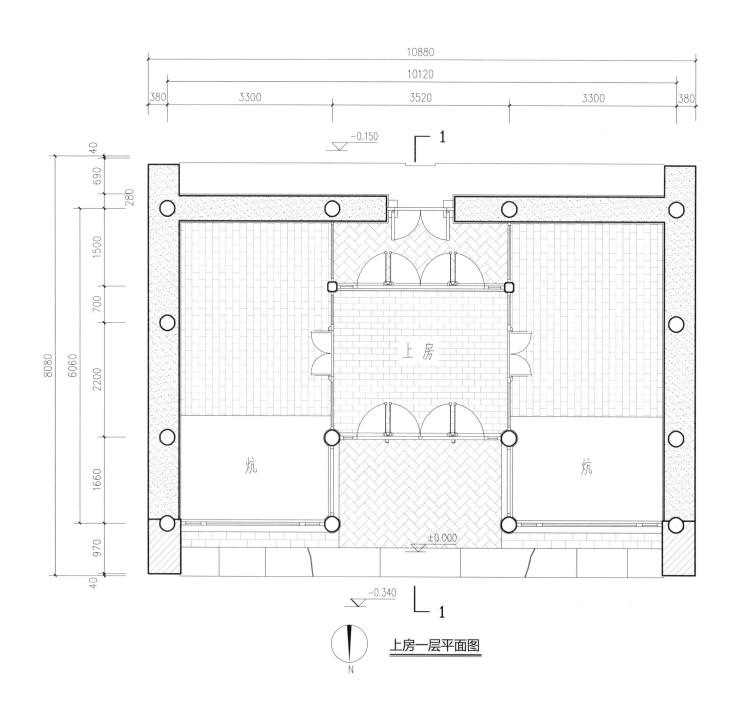

10880

10120

380 3300 3520 3300 380

−0.150

1

40
690
280

1500

700

8080 6060

2200

上房

炕 炕

1660

±0.000

970

40

−0.340

1

上房一层平面图

N

0 0.5 1 1.5 2m

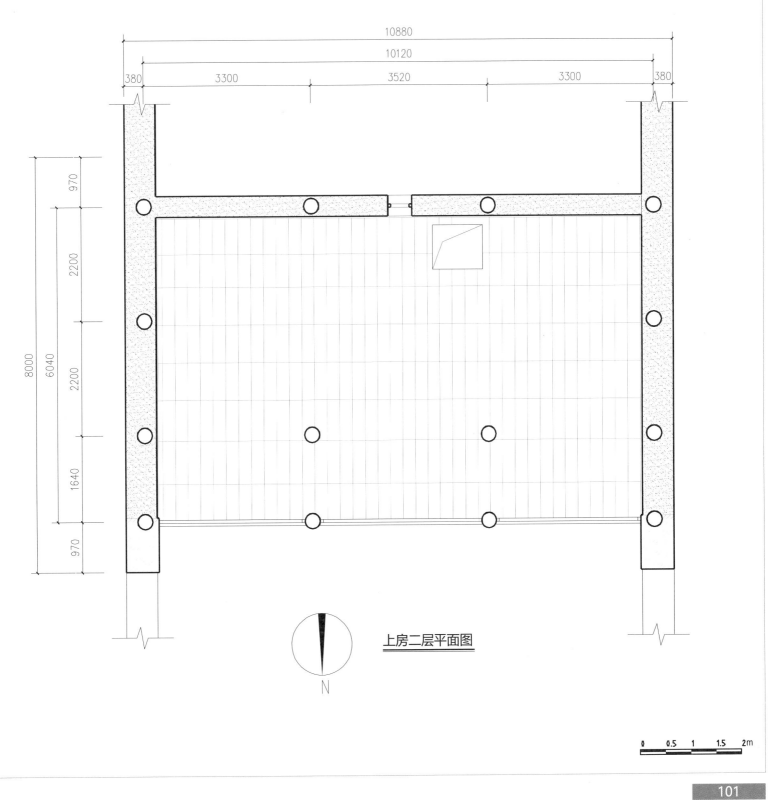

10880
10120
380　　3300　　3520　　3300　　380

970
2200
6040
2200
1640
8000
970

上房二层平面图

N

0　0.5　1　1.5　2m

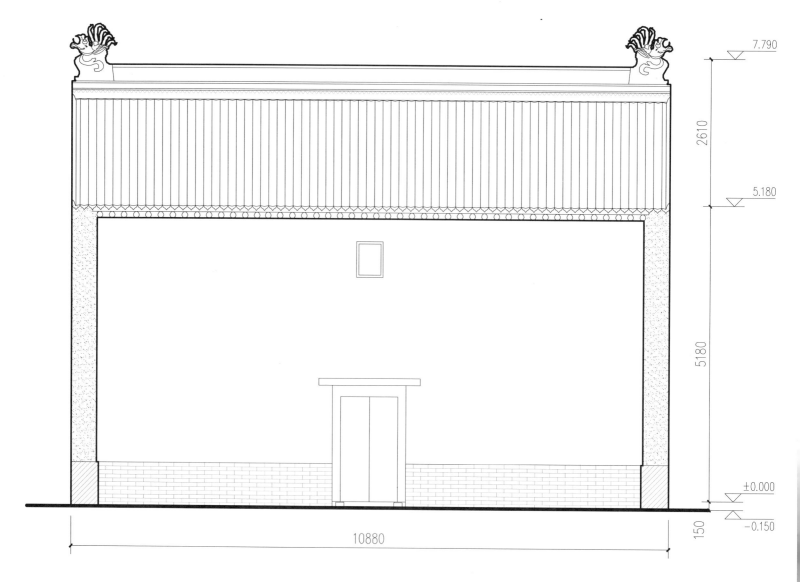

7.790

2610

5.180

5180

±0.000

150

−0.150

10880

上房南立面图

0   0.5   1   1.5   2m

7.790

3160

4.630

1670

2.960

2960

±0.000

-0.340

340

10880

上房北立面图

0   0.5   1   1.5   2m

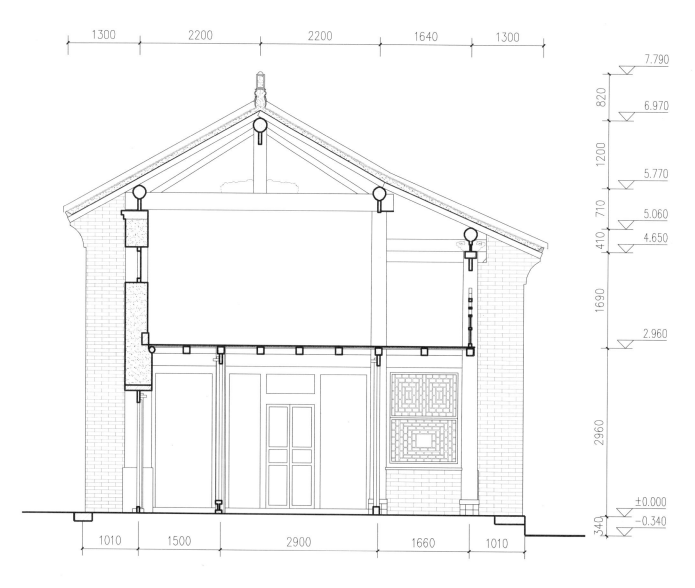

上房 1-1 剖面图

　　该宅位于回民街区西羊市内，清代风格，格局保存较完整，前后两进院外加一个较大的后院。其中门房、厢房、厅房及其细部砖雕保存较好。

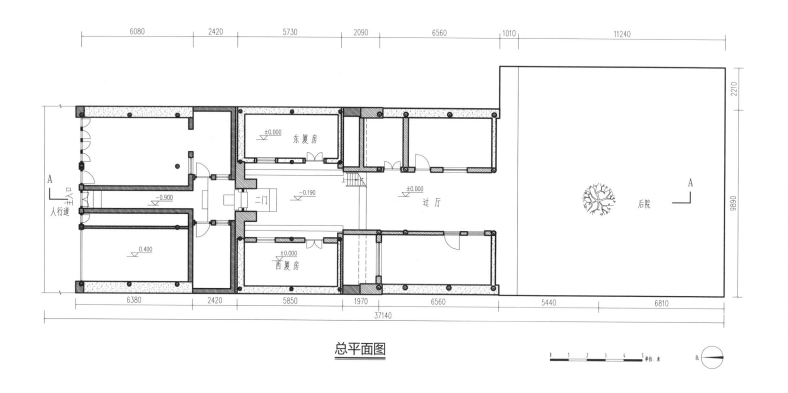

6080 2420 5730 2090 6560 1010 11240

2210

±0.000 东厦房

A

口 人行道

-0.900

-0.190

±0.000 过厅

后院

9890

二门

-0.400

±0.000 西厦房

A

6380 2420 5850 1970 6560 5440 6810

37140

总平面图

0 1 2 3 4 5 单位 米   北

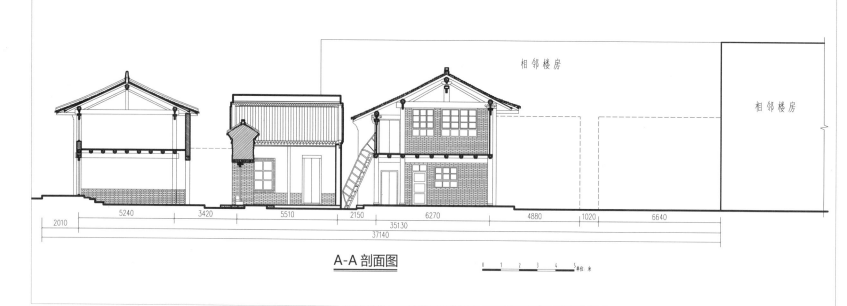

相 邻 楼 房

相 邻 楼 房

2010   5240   3420   5510   2150   6270   4880   1020   6640

35130

37140

A-A 剖面图

1 2 3 4 5 单位 米

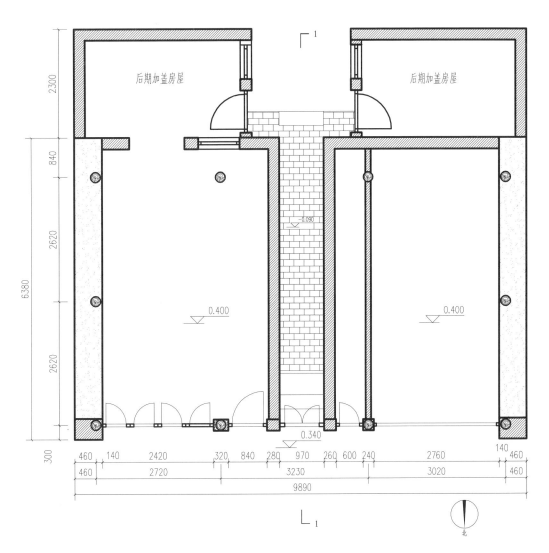

后期加盖房屋

后期加盖房屋

-0.090

0.400

0.400

0.340

门房平面图

北

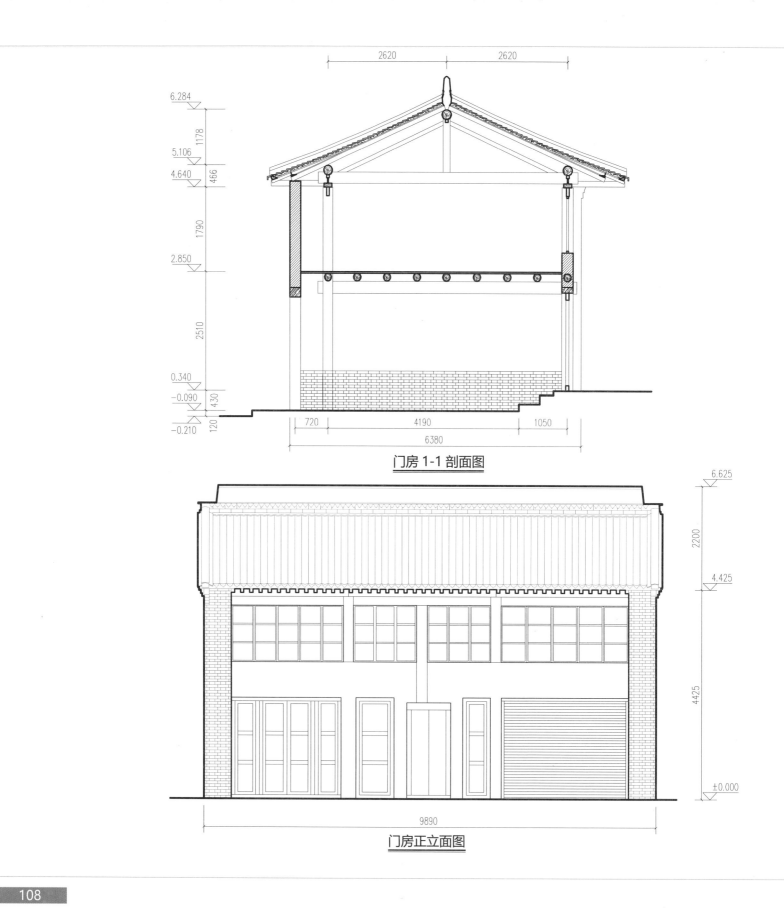

门房 1-1 剖面图

门房正立面图

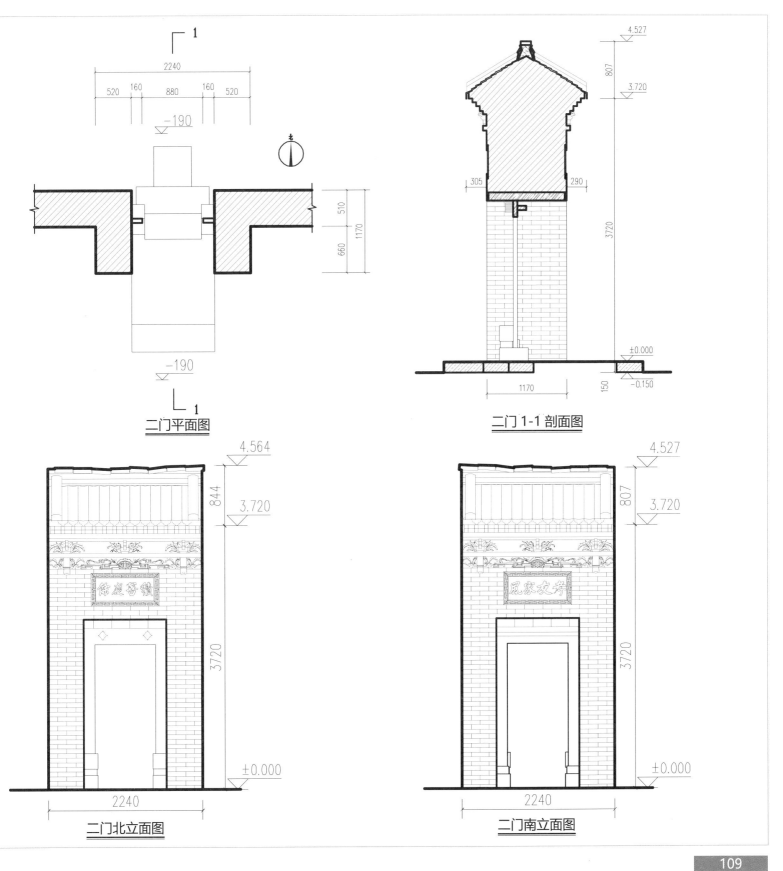

二门平面图

二门 1-1 剖面图

二门北立面图

二门南立面图

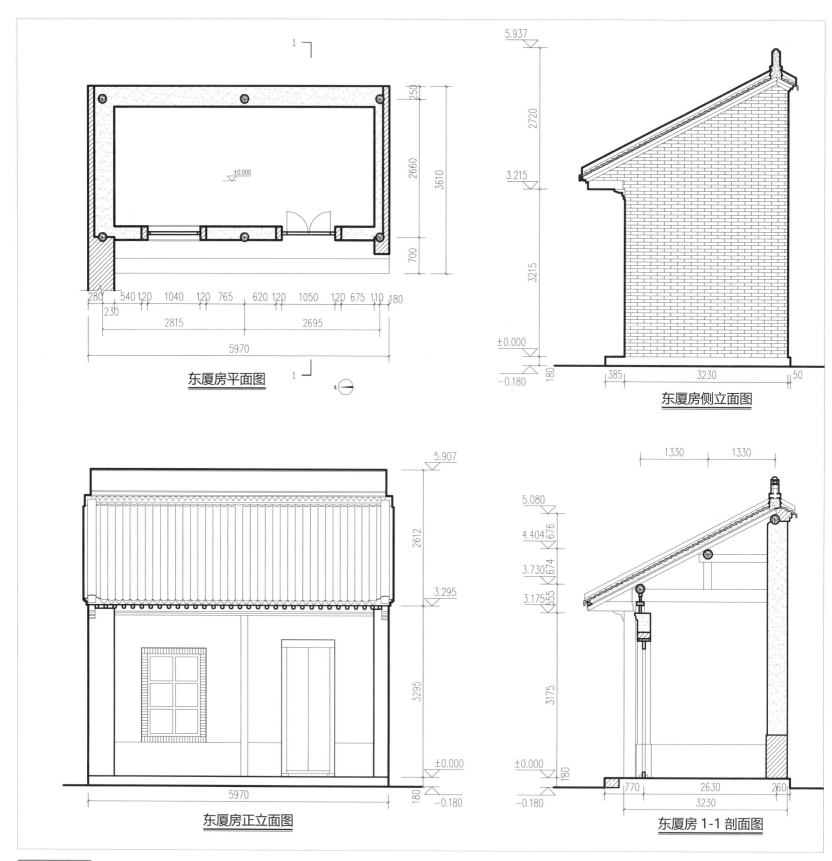

东厦房平面图

东厦房侧立面图

东厦房正立面图

东厦房 1-1 剖面图

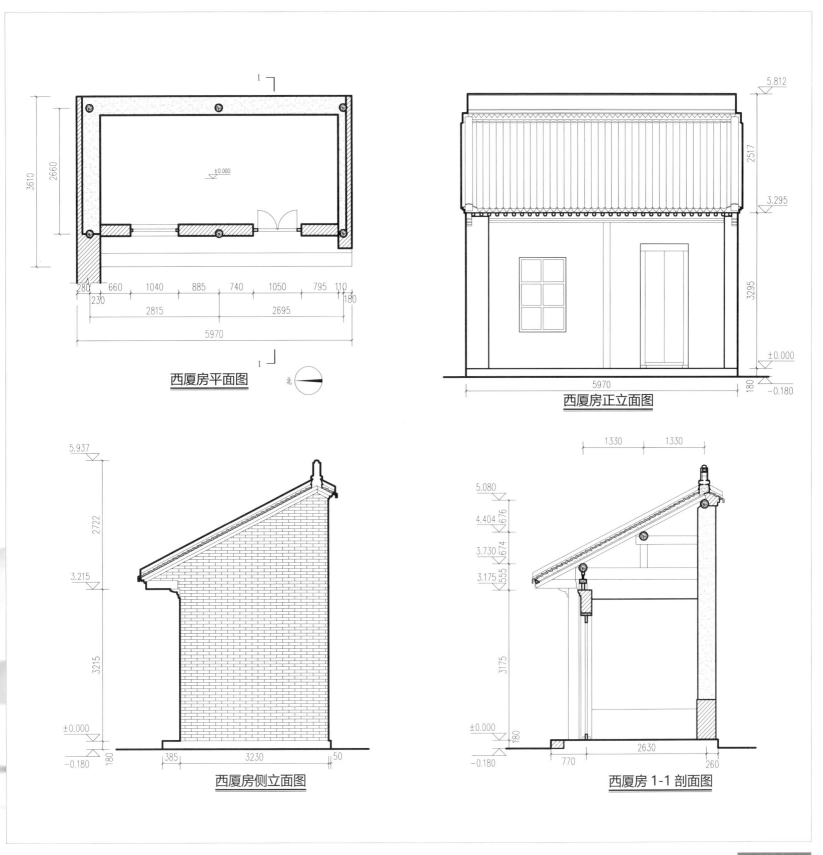

西厦房平面图

北

西厦房正立面图

西厦房侧立面图

西厦房 1-1 剖面图

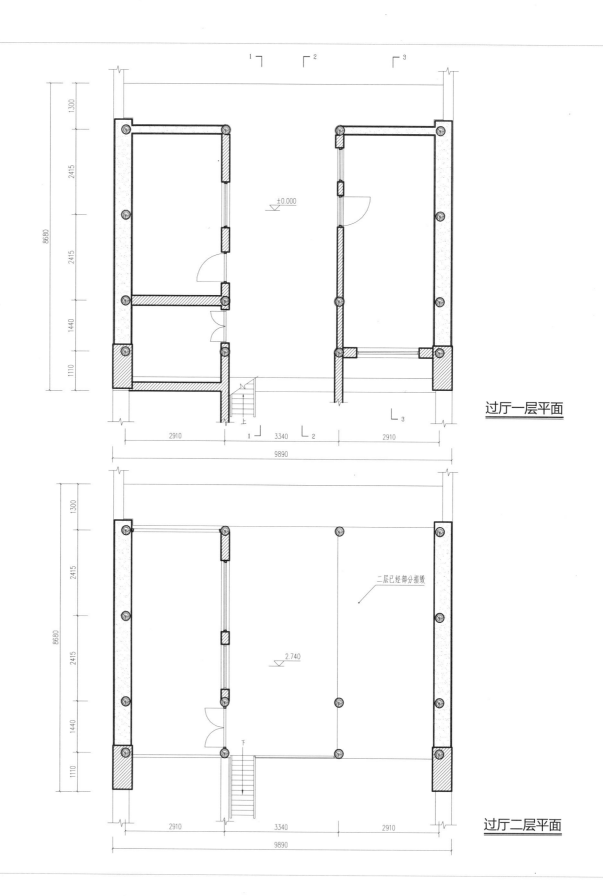

±0.000

过厅一层平面

2.740

二层已经部分损毁

过厅二层平面

1300
2415
2415
1440
1110
8680

2910
3340
2910
9890

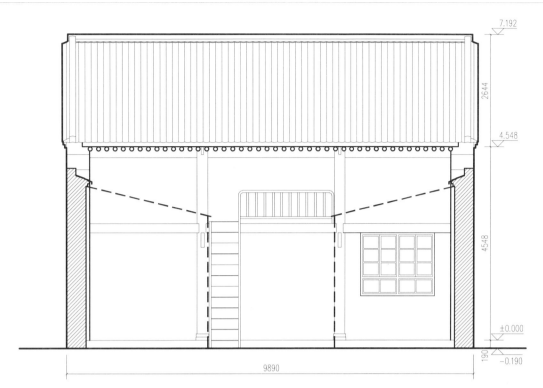

过厅北立面图

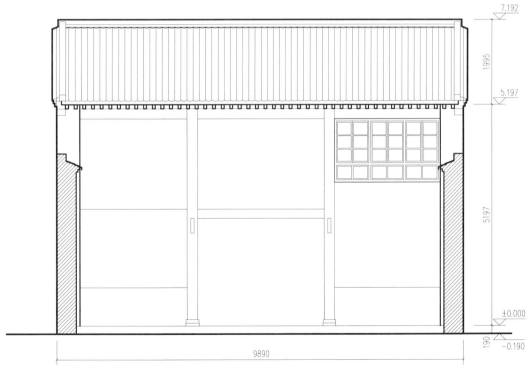

过厅南立面图

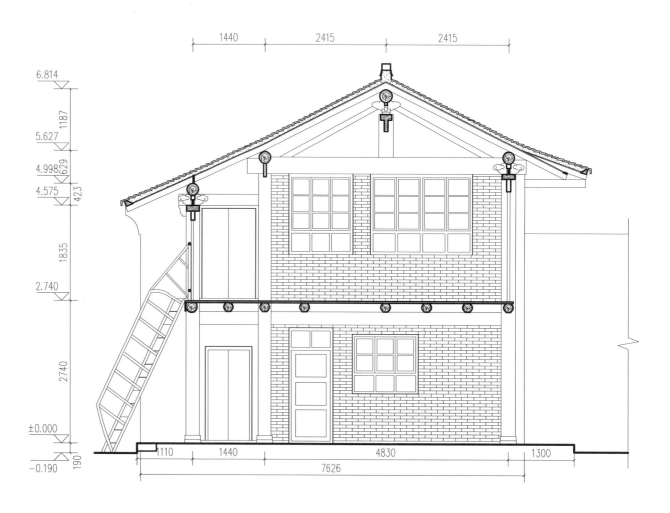

过厅 1-1 剖面图

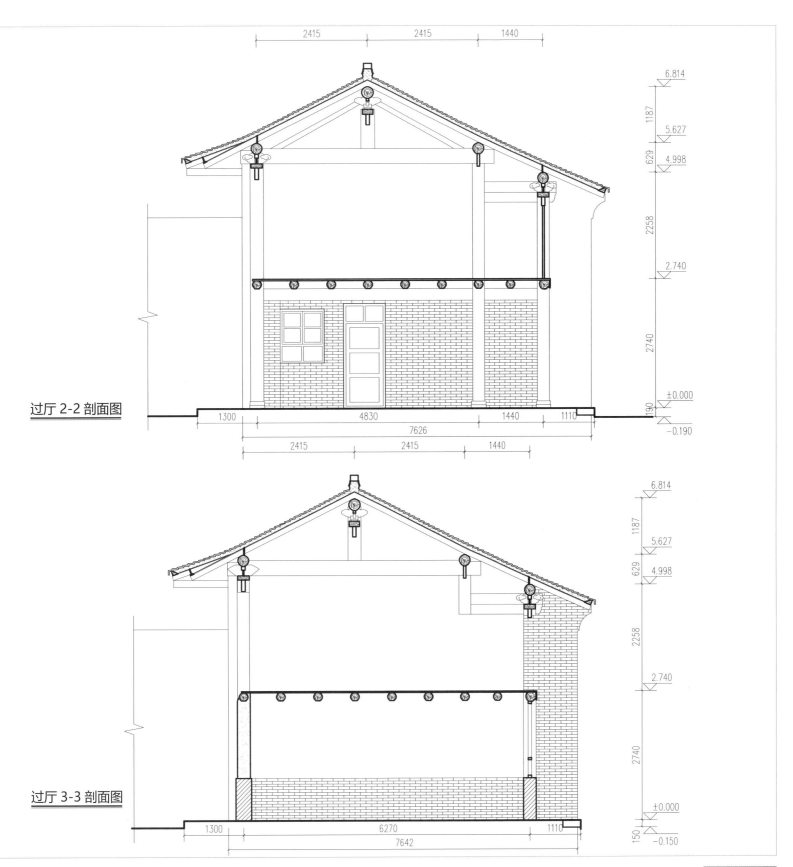

过厅 2-2 剖面图

过厅 3-3 剖面图

115

「西羊市54号」

　　该宅位于回民街区西羊市内，清式传统民居，格局已不存，仅剩一间厅房，其余建筑被拆除或改建得面目全非。厅房内部被红砖墙隔出一条连接前后的走道，仍可见梁架驼峰上的雕刻、石柱础以及部分立式样式的木门窗。

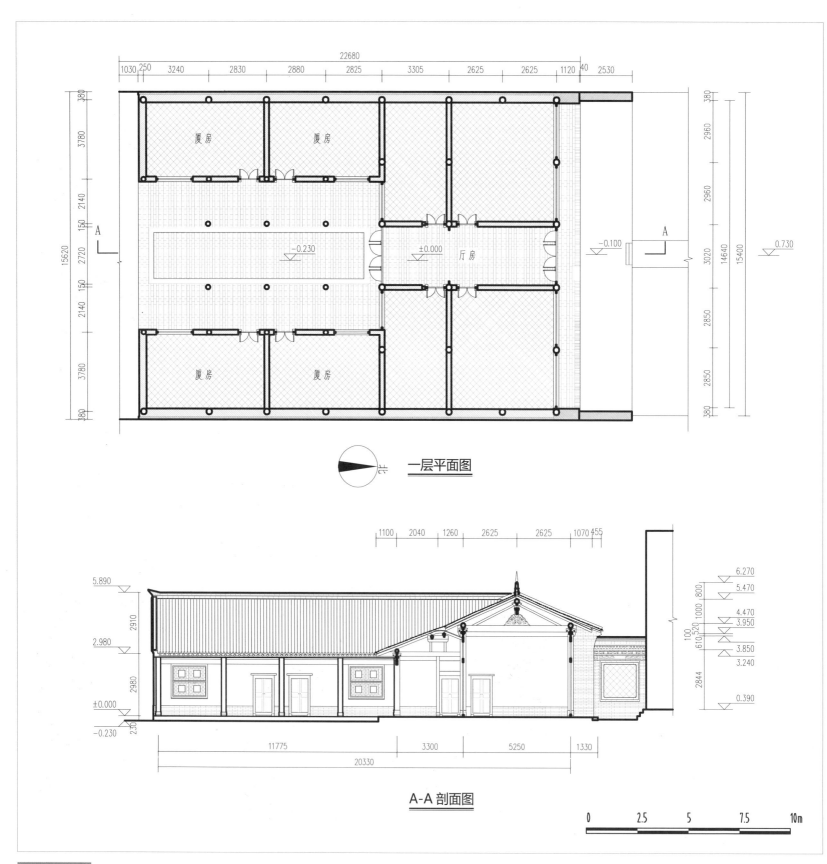

一层平面图

A-A 剖面图

0   2.5   5   7.5   10m

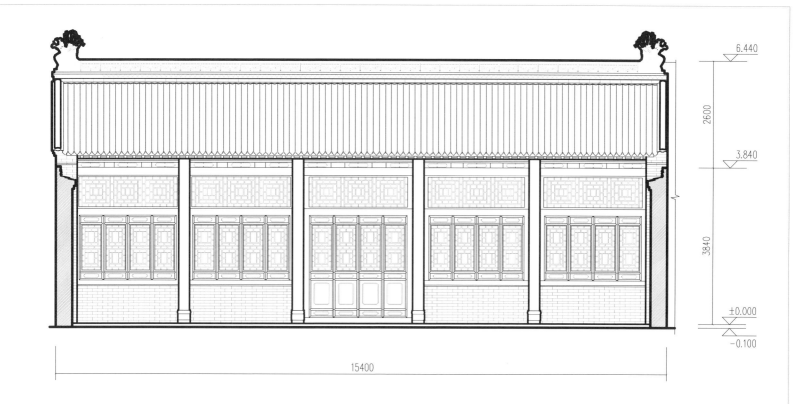

6.440

2600

3.840

3840

±0.000

−0.100

15400

厅房北立面图　　0　0.5　1　1.5　2m

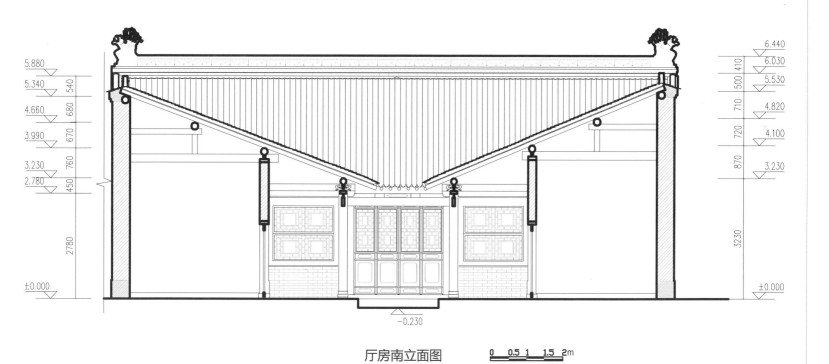

5.880
5.340　540
4.660　680
3.990　670
3.230　760
2.780　450

2780

±0.000

6.440
6.030　410
5.530　500
4.820　710
4.100　720
3.230　870

3230

±0.000

−0.230

厅房南立面图　　0　0.5　1　1.5　2m

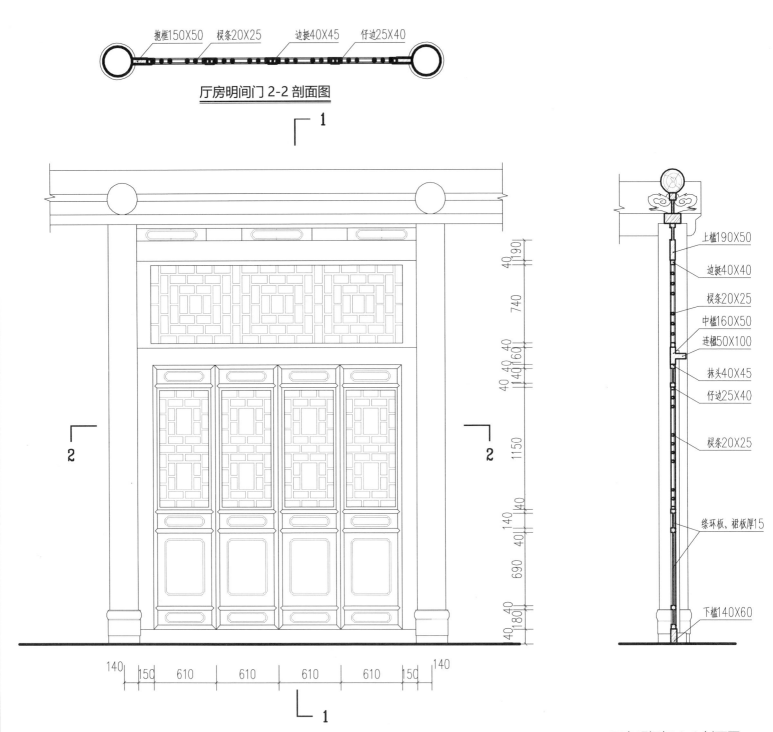

抱框150X50　棍条20X25　边挺40X45　仔边25X40

厅房明间门 2-2 剖面图

1

2　2

上槛190X50
边挺40X40
棍条20X25
中槛160X50
连楹50X100
抹头40X45
仔边25X40

棍条20X25

绦环板、裙板厚15

下槛140X60

厅房明间正门立面图

140　150　610　610　610　610　150　140

190　740　40　160　140　1150　140　40　690　40　180　40

厅房明间门 1-1 剖面图

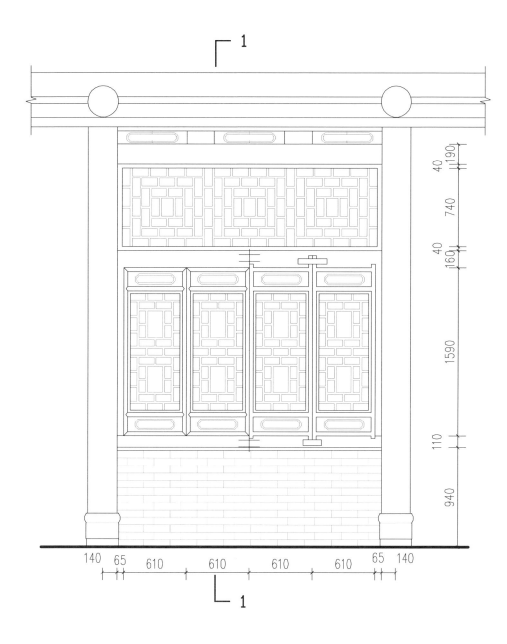

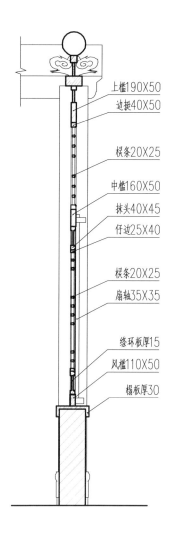

上槛190X50
边挺40X50
棂条20X25
中槛160X50
抹头40X45
仔边25X40
棂条20X25
扇轴35X35
绦环板厚15
风槛110X50
榻板厚30

140 65 610 610 610 610 65 140

厅房窗立面图

厅房窗 1-1 剖面图

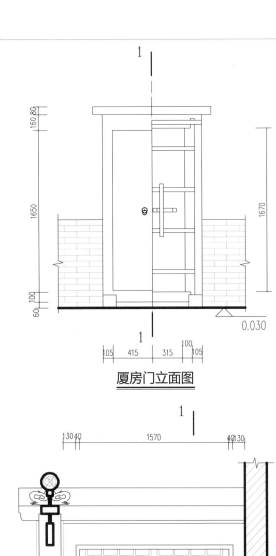

160.80

1650

1670

60 100

0.030

105 415 315 100 105

厦房门立面图

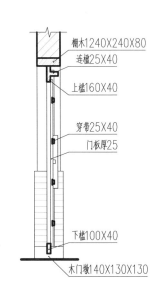

椽木1240X240X80

连檐25X40

上槛160X40

穿带25X40

门板厚25

下槛100X40

木门墩140X130X130

厦房门 1-1 剖面图

1

13040 1570 40130

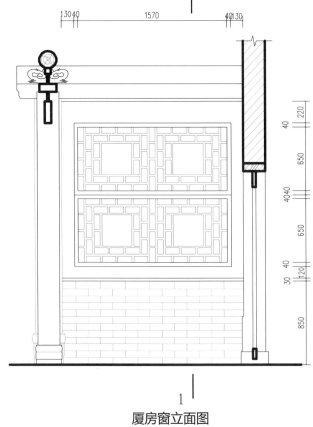

220

40

650

4040

650

30 40

120

850

厦房窗立面图

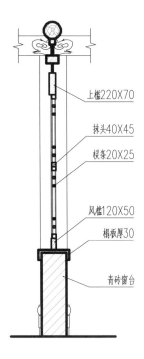

上槛220X70

抹头40X45

棂条20X25

风槛120X50

榻板厚30

青砖窗台

厦房窗 1-1 剖面图

『西羊市 **121** 号 马家大院』

该宅位于回民街区西羊市内，始建于明末清初，前后二进院落，外加一个后院，由门房、厅房、二道门、两侧厦房、上房组成，占地约 600 平方米，格局保存完整。室内梁架雕刻精美，木雕、砖雕十分精彩。

二道门古朴大气，像一道照壁有效的将私密空间隔出。门楣上刻有"祥和昌盛"，还有雕刻精美的花卉、卷纹，寓意平安富贵、顺心如意。二道门以内是一面照壁，上刻有"各有因缘不羡人，修身齐宜观我"。

如今，马家后人仍然住在大院内，老宅充满生机。

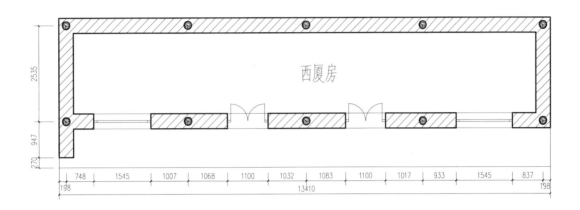

西厦房

2535

947

270

748　1545　1007　1068　1100　1032　1083　1100　1017　933　1545　837

198　13410　198

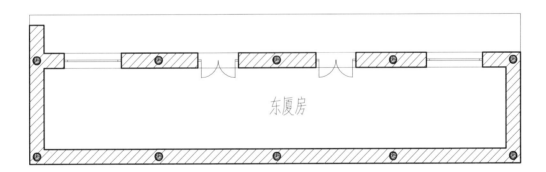

东厦房

厦房平面图

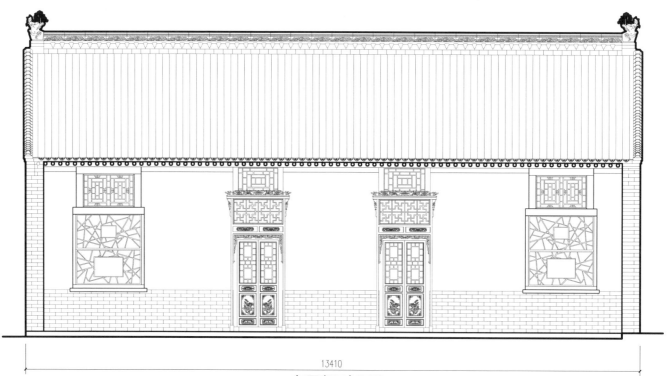

13410

东厦房西立面图

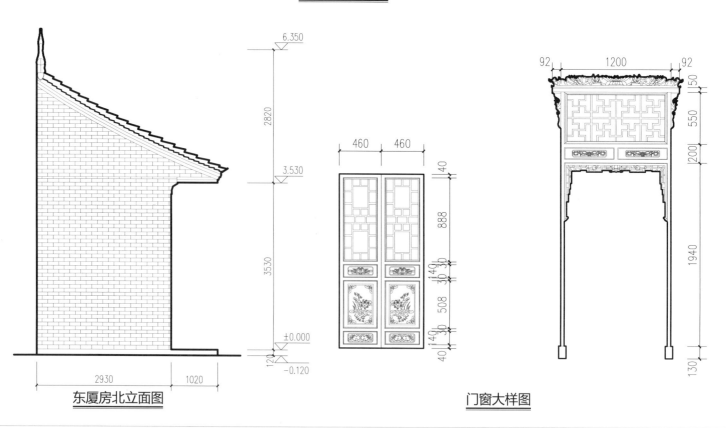

6.350

2820

3.530

3530

±0.000

120 -0.120

2930 1020

东厦房北立面图

460 460

40

888

40 30
30
508
40
40

门窗大样图

92 1200 92

150

550

200

1940

130

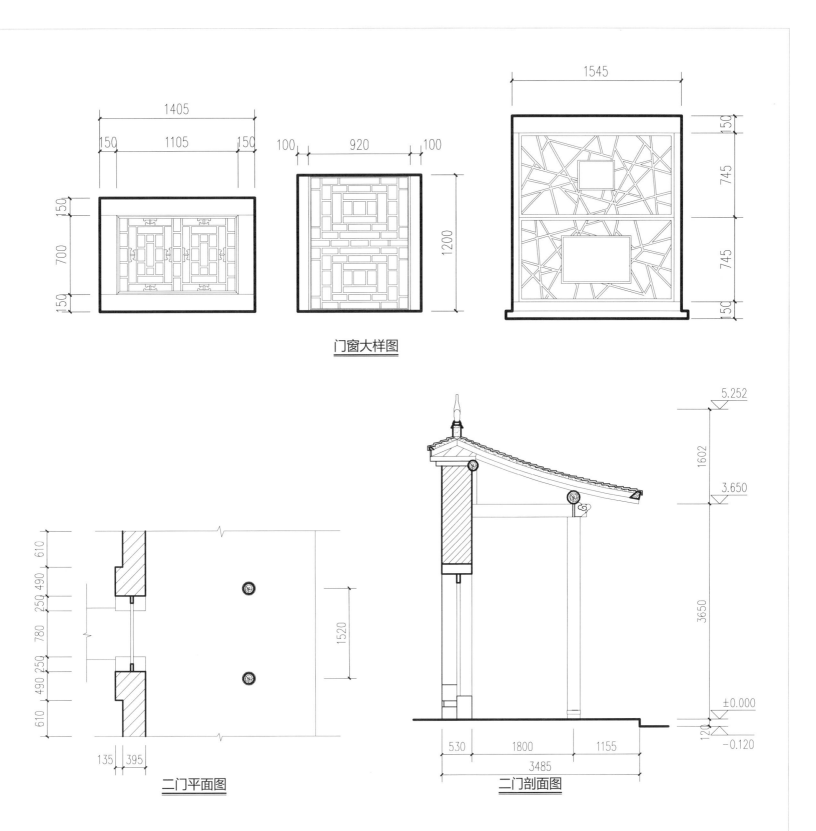

门窗大样图

二门平面图

二门剖面图

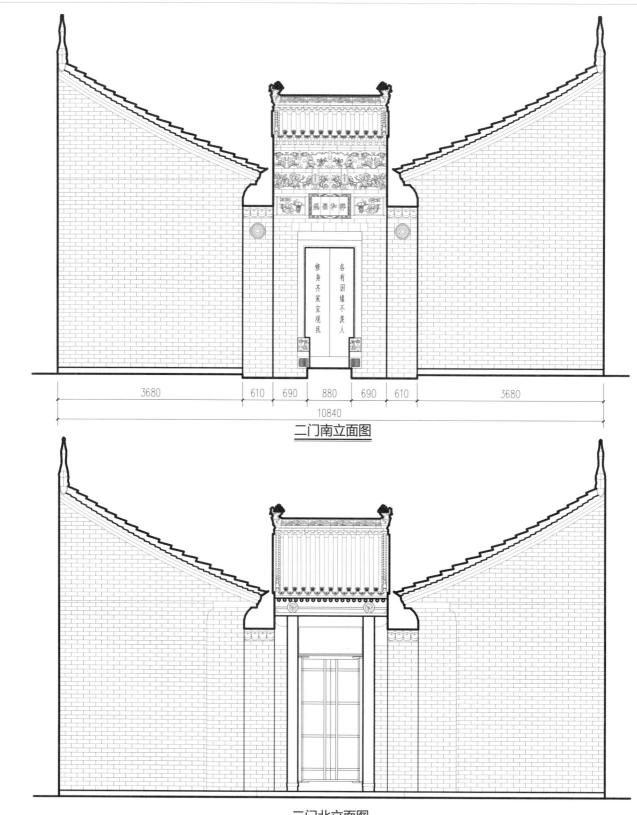

各有因缘不羡人

修身齐家宜观我

3680　　610　690　880　690　610　　3680

10840

二门南立面图

二门北立面图

该宅位于回民街区西羊市内，清式传统民居，目前仅剩门房和厅房，其中厅房保存较好。厅房内，地面砖仍采用石方砖，45度铺砌，厅房阶沿石在岁月沉淀下散发出温润剔透的玉色。梁架的驼峰、五架梁耍头、内部夹层上的腰线上均有卷纹木雕，石柱础上圆下六角形，且每层都有雕刻，虽已模糊不清，但承载着百年来主人家的沧桑变化。

早在几年前，厅房之后的其他部分民居建筑在拆除后，建了一栋三层小楼，现在这里全是租客，房屋主人仅住在厅房，门房作为店铺。

26230

1410   12290   1400   11130

270

1280 2090 2650 2650 2090 1530

新建砖混楼房

4090

12800

0.400

4090

新建砖混楼房

270

过 厅 ±0.000

-0.120 0.530

新建砖混楼房

入口

0.530

西羊市大街

  总平面图

0   2.5   5   7.5   10m

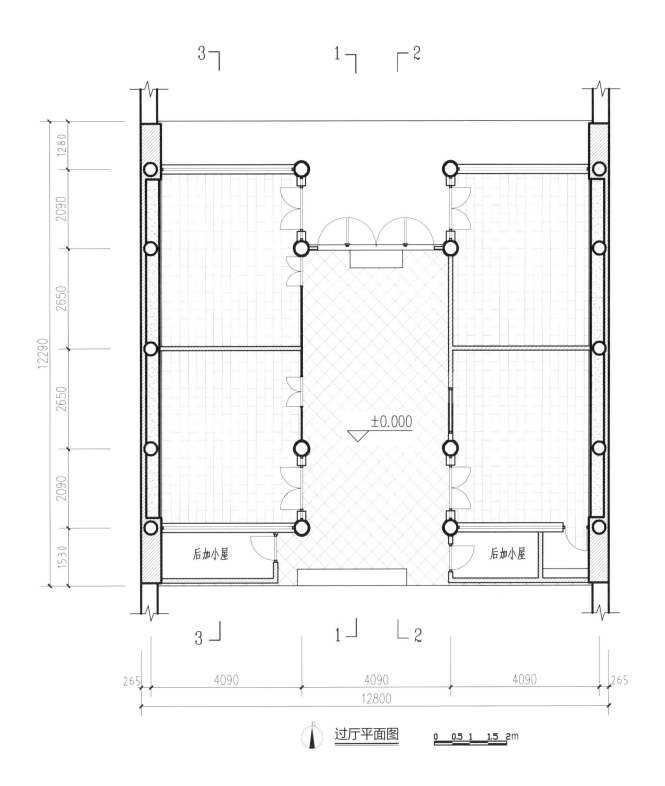

过厅平面图

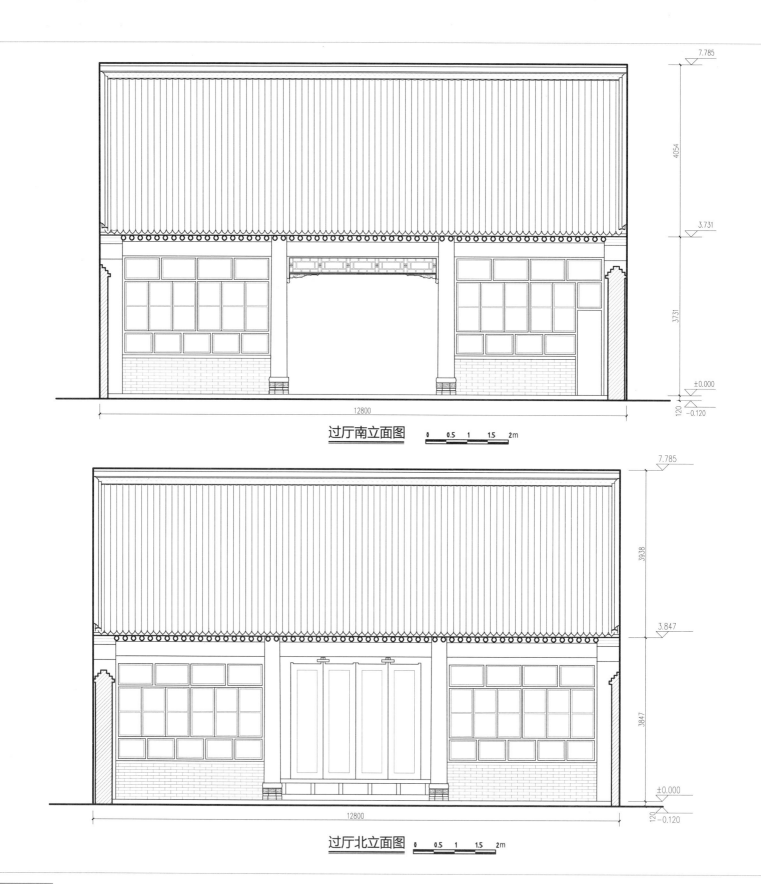

7.785

4054

3.731

3731

±0.000

120   −0.120

12800

过厅南立面图   0   0.5   1   1.5   2m

7.785

3938

3.847

3847

±0.000

120   −0.120

12800

过厅北立面图   0   0.5   1   1.5   2m

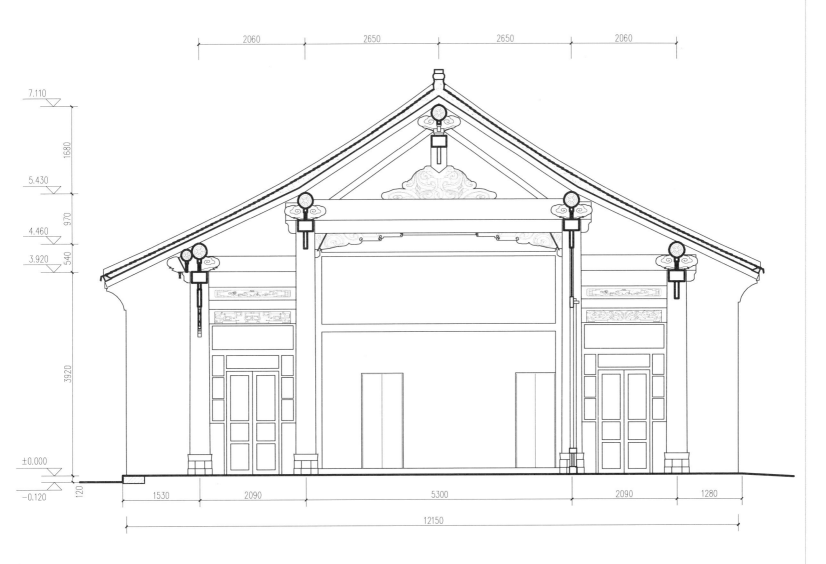

过厅 1-1 剖面图

0 0.5 1 1.5 2m

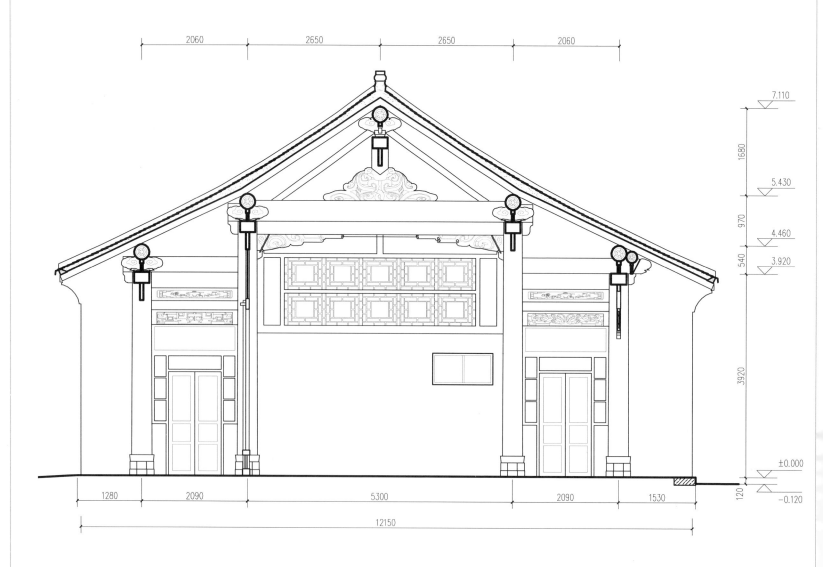

2060 2650 2650 2060

7.110

1680

5.430

970

4.460

540

3.920

3920

±0.000

120

−0.120

1280 2090 5300 2090 1530

12150

过厅 2-2 剖面图

0 0.5 1 1.5 2m

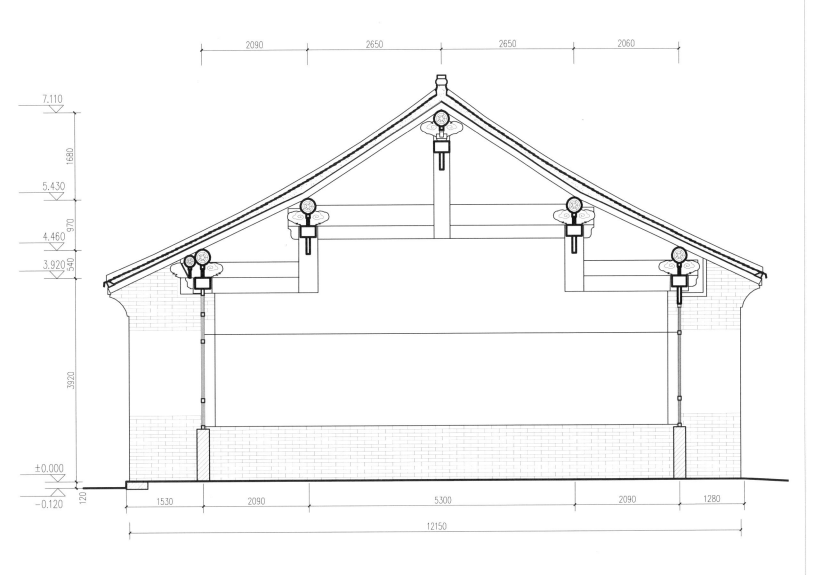

过厅 3-3 剖面图

　　该宅建于清同治年间，整体格局较完整，尚存门房、厅房、上房，厦房已被改造。室内梁架耍头镂空雕花、雀替精美绝伦，屋脊瓦作虽破损不完整，但仍可见其制作精细之美。

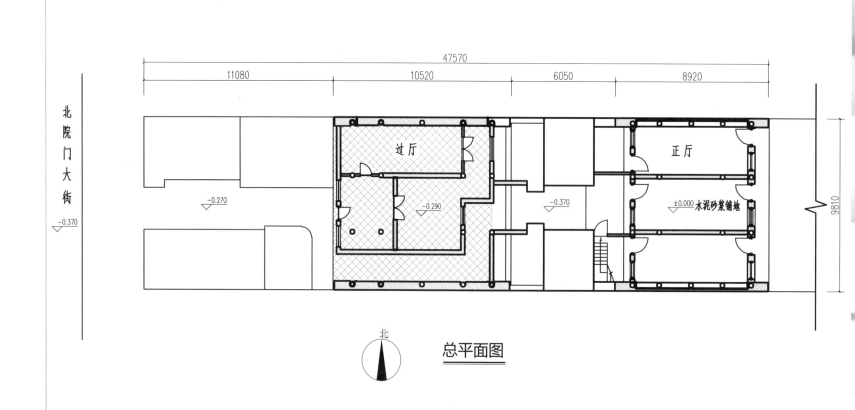

-0.370

47570

11080　　　　　　10520　　　　　6050　　　　8920

过厅

正厅

-0.270

-0.290

-0.370

±0.000 水泥砂浆铺地

9810

北

总平面图

0　　2.5　　5　　7.5　　10m

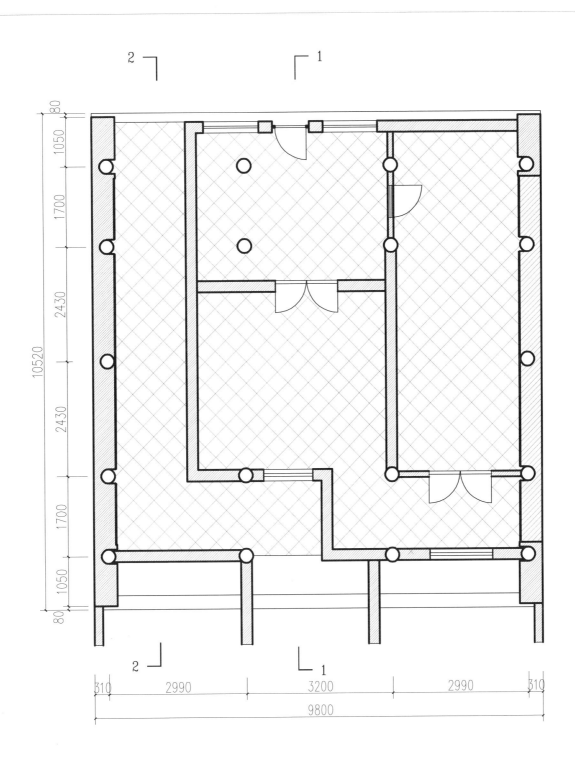

过厅平面图

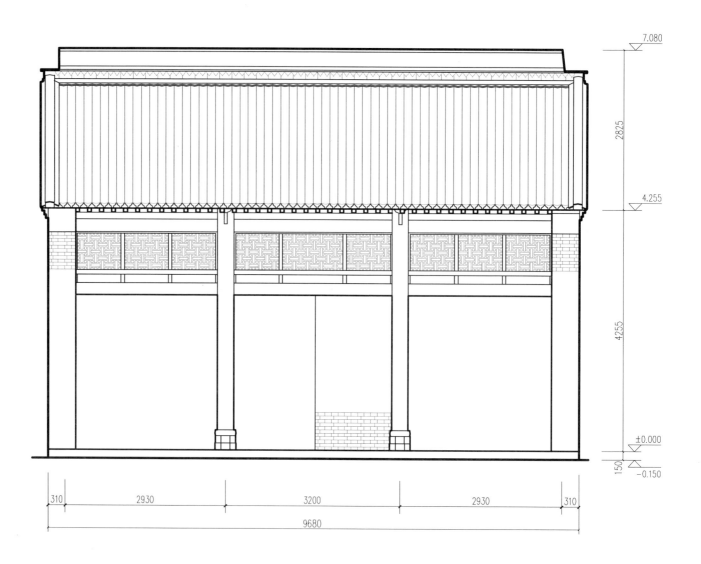

7.080

2825

4.255

4255

±0.000
150
−0.150

310　　2930　　3200　　2930　　310

9680

过厅东立面图

0　0.5　1　1.5　2m

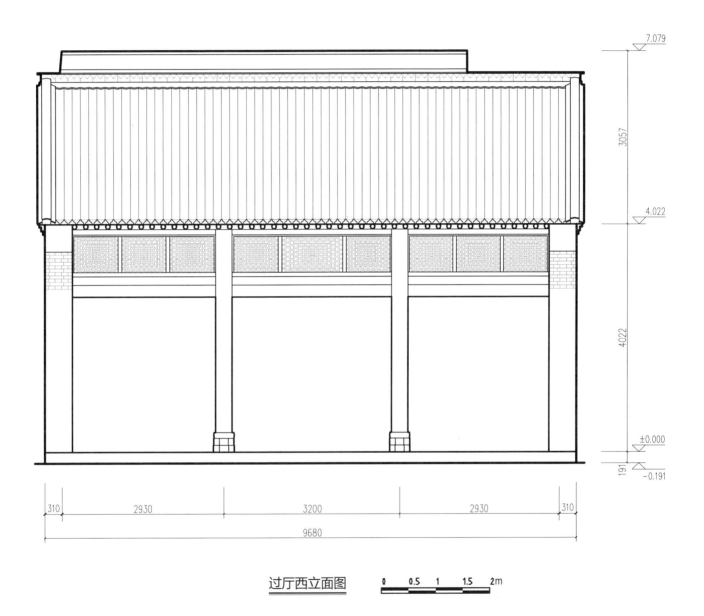

过厅西立面图

0 0.5 1 1.5 2m

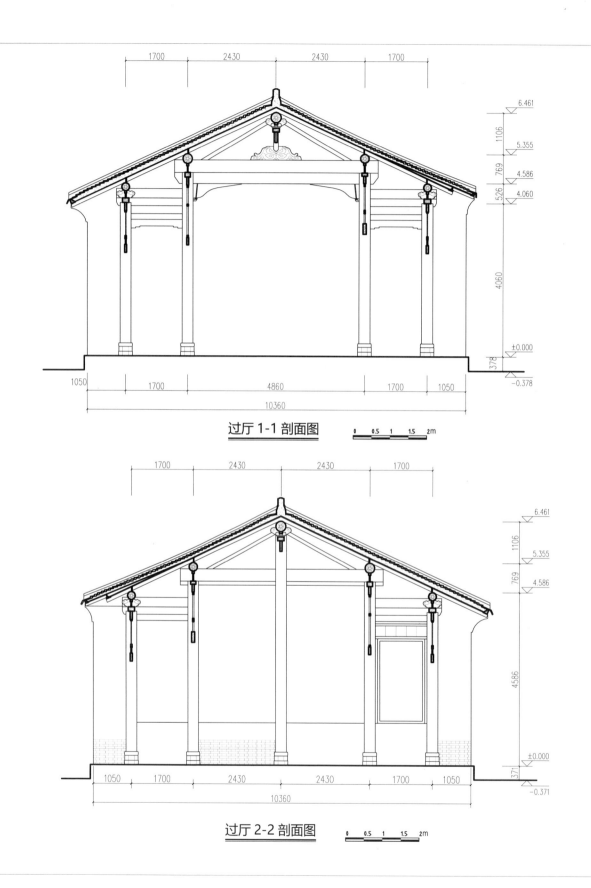

过厅 1-1 剖面图

过厅 2-2 剖面图

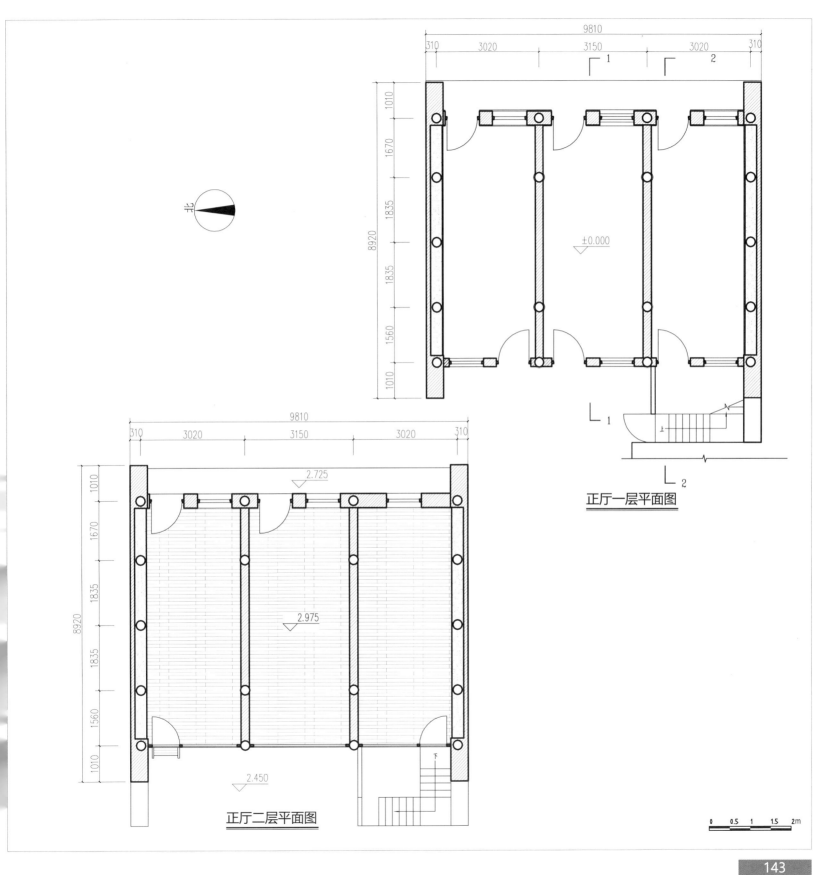

正厅一层平面图

正厅二层平面图

143

7.290

3499

5.132

1553

2.975

3055

±0.000

正厅西立面图

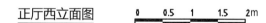

0   0.5   1   1.5   2m

310   3020   3150   3020   310

9810

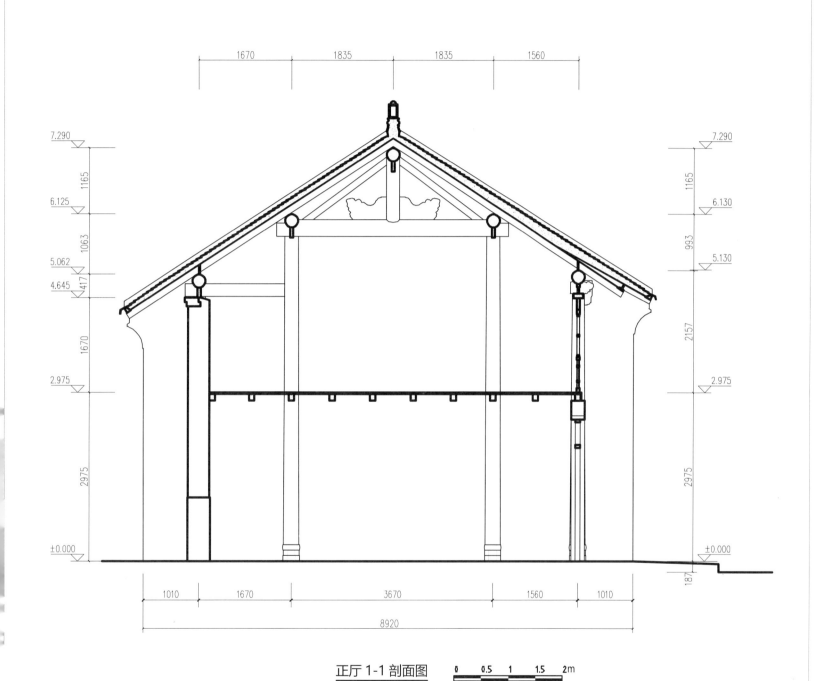

正厅 1-1 剖面图

0   0.5   1   1.5   2m

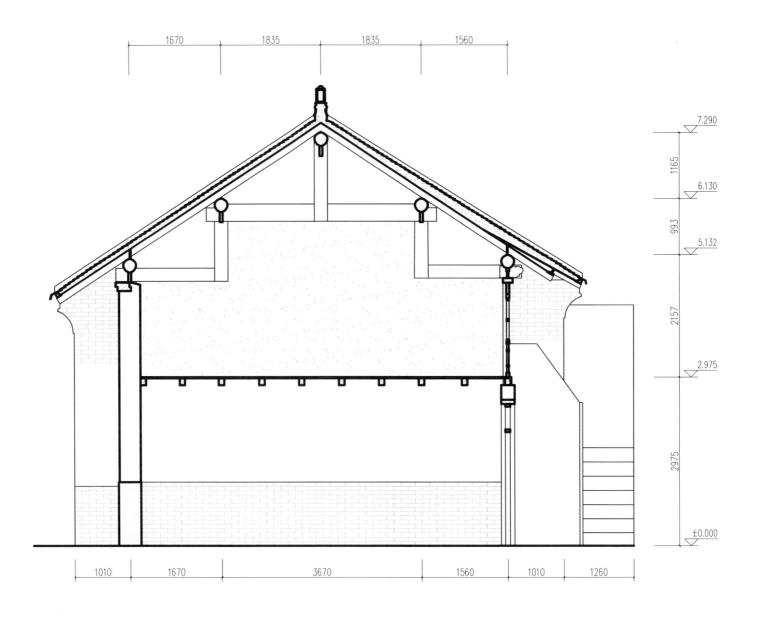

正厅 2-2 剖面图

0　0.5　1　1.5　2m

「北院门 144 号 高家大院」

高家大院，建于明末崇祯年间，主人高岳崧祖籍江苏镇江，明崇祯年间曾中榜眼，后官至太司，从崇祯皇帝手中受赐此宅。清同治十年，子嗣参加科举考试，被皇帝钦点榜眼，得御赐"榜眼及第"牌匾。从明崇祯十四年至清同治十年，高家本族七代为官。

该民居属砖木结构四合院，三路三进院，占地 4.2 亩，总居住面积 2517 平方米，房间 87 间。主院有大门一处，同偏院的一处次入口同时位于繁华的北院门，另一处次入口位于西羊市。大门门楼高度同两层门房，大门内凹处，两侧墙壁满是精美的雕刻，进门迎面就是照壁，该照壁实际是前院厦房的山墙。中路和北路的两层厦房之间用廊桥连接，偏院有戏台。内部陈设按照古制，是西安传统民居的最高典范。

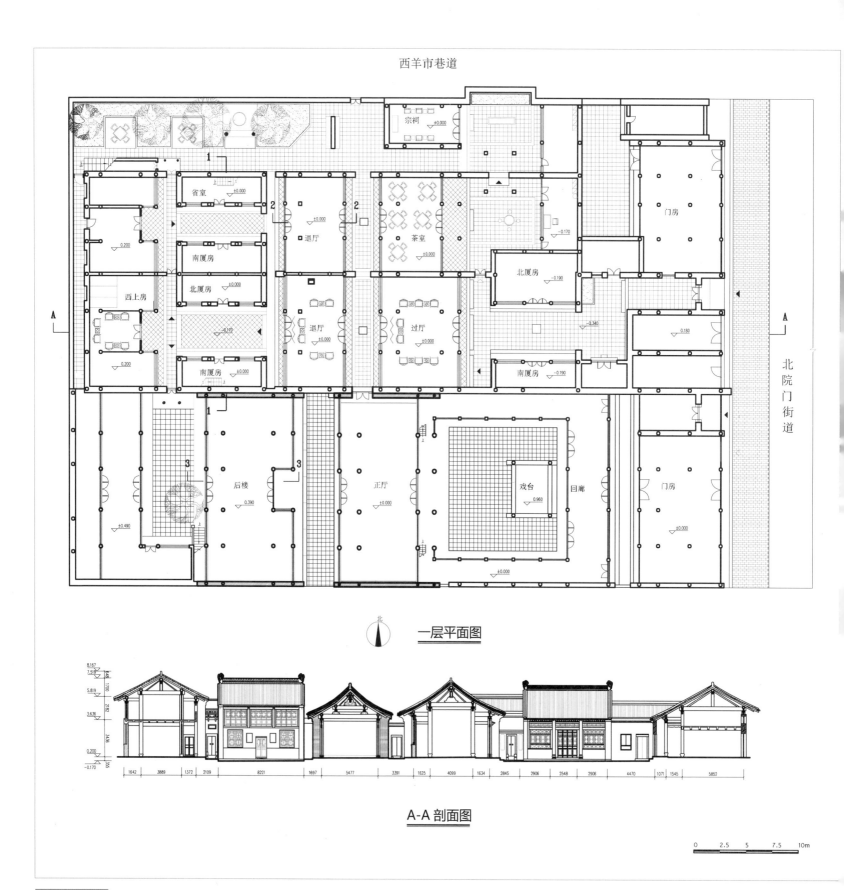

西羊市巷道

宗祠 ±0.000

门房

省室 ±0.000

退厅 ±0.000

茶室 ±0.000

-0.170

0.200

北厦房

南厦房

北厦房 ±0.000

西上房

-0.170

退厅 ±0.000

过厅 ±0.000

-0.340

0.180

0.200

南厦房 ±0.000

南厦房 -0.190

门房

±0.000

后楼 0.390

正厅 ±0.000

戏台 0.960

回廊

门房 ±0.000

±0.490

±0.000

北

北院门街道

一层平面图

8.167
7.519
5.819
3.636
0.200
-0.170

1642 3889 1372 2109 8221 1697 5477 3391 1625 4099 1634 2845 2906 2548 2906 4470 1071 1545 5852

A-A 剖面图

0   2.5   5   7.5   10m

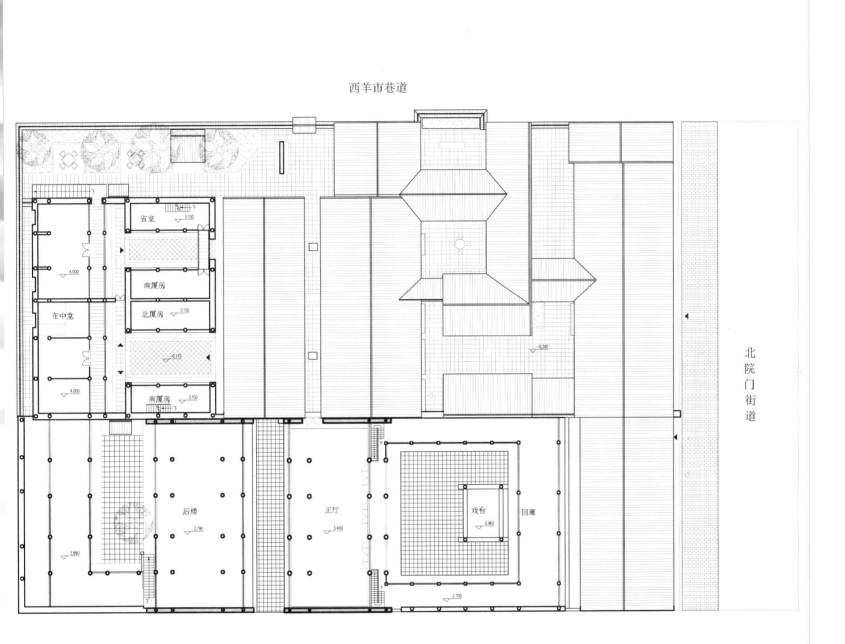

西羊市巷道

省室 ▽ 3.150

南厦房

北厦房 ▽ 3.150

在中堂 ▽ 4.000

▽ 4.000

▽ -0.170

南厦房 ▽ 3.150

▽ -0.340

北院门街道

后楼 ▽ 3.790

▽ 3.890

正厅 ▽ 3.400

戏台 ▽ 0.960

回廊

▽ 2.700

北

二层平面图

0 2.5 5 7.5 10m

沿街立面图

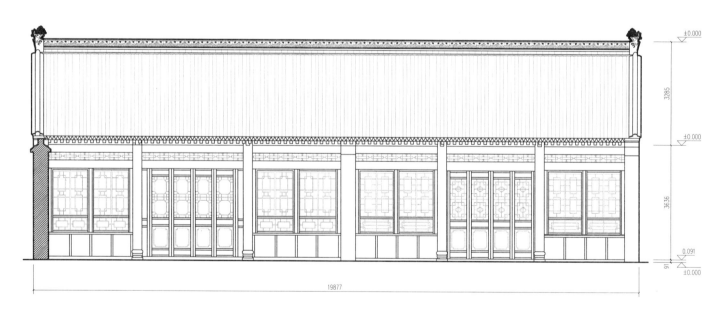

退厅东立面图

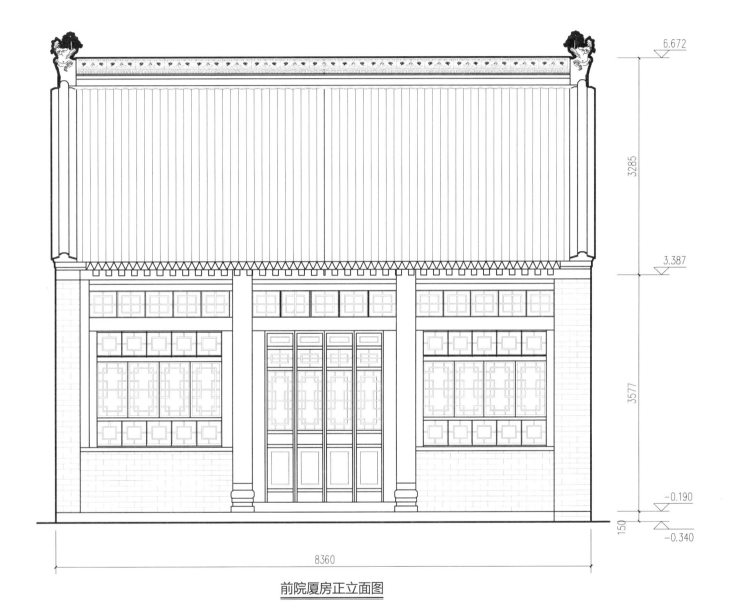

6.672

3285

3.387

3577

−0.190

−0.340

150

8360

前院厦房正立面图

0 0.5 1 1.5 2m

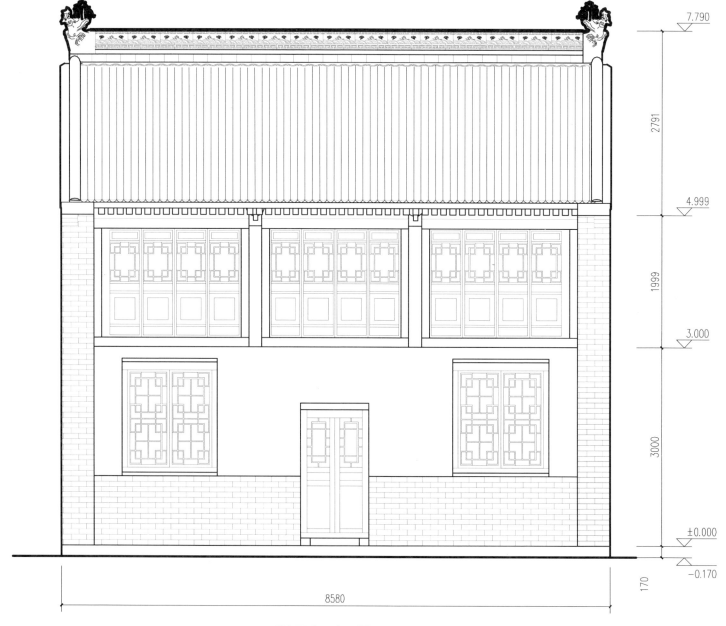

7.790

2791

4.999

1999

3.000

3000

±0.000

−0.170

170

8580

后院厦房正立面图

0　　0.5　　1　　1.5　　2m

西上房东立面图

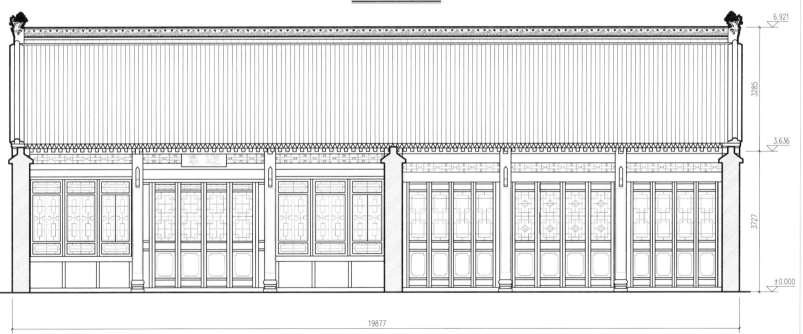

过厅东立面图   茶室东立面图

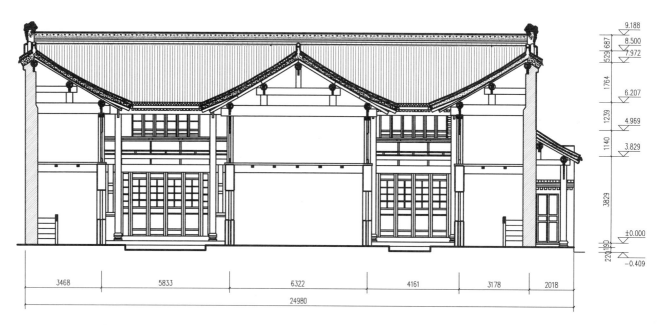

9.188
8.500
7.972
6.207
4.969
3.829
±0.000
−0.409

687
529
1764
1239
1140
3829
220 190

3468 5833 6322 4161 3178 2018

24980

1-1 剖面图

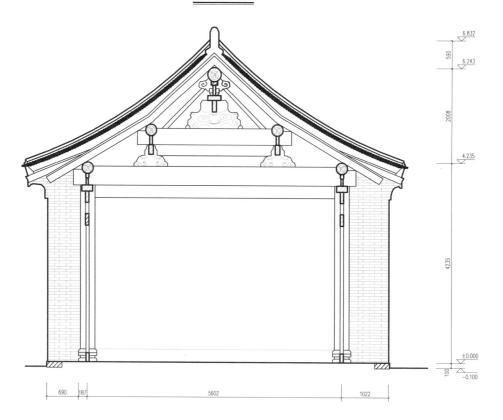

6.832
6.243
4.235
±0.000
−0.100

590
2008
4235
100

690 187 5602 1022

2-2 剖面图

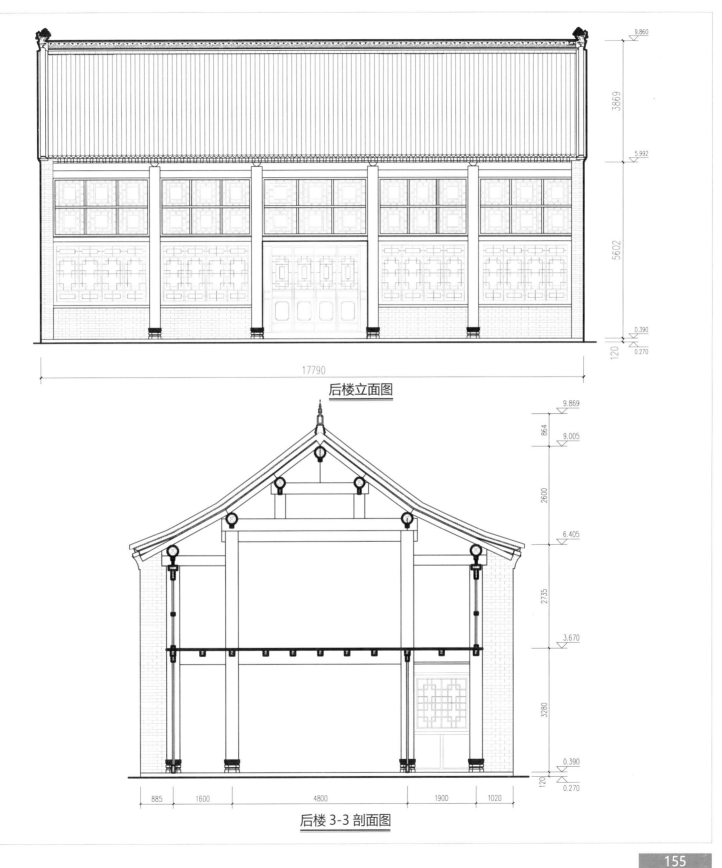

后楼立面图

后楼 3-3 剖面图

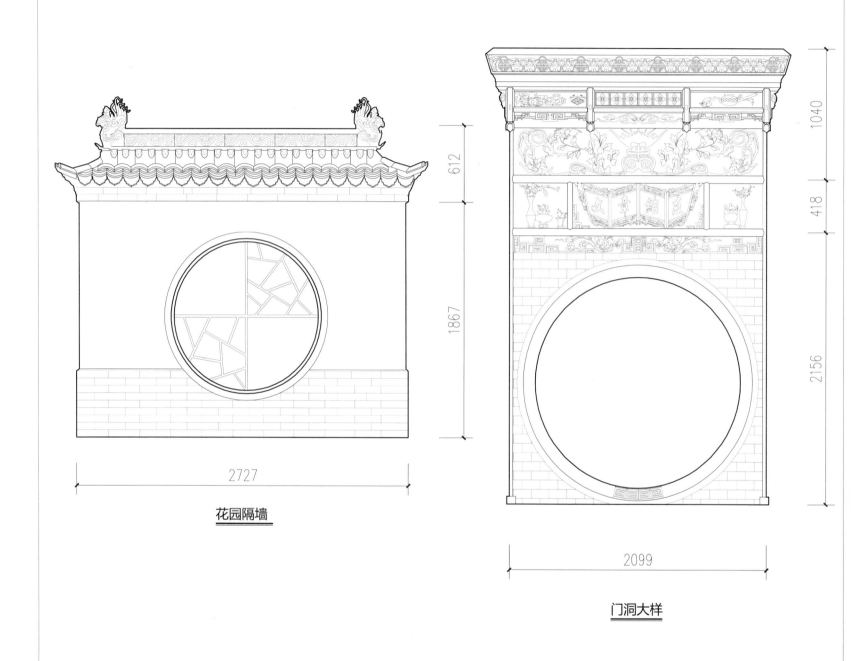

花园隔墙

612

1867

2727

门洞大样

1040

418

2156

2099

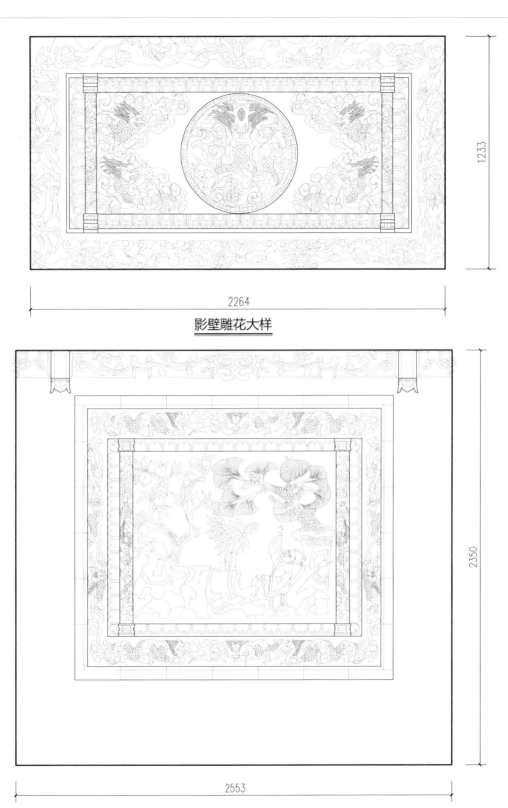

影壁雕花大样

山墙雕花大样

「红埠街雷宅」

雷宅始建于清雍正年间，整体格局完整，前后共三进院，中轴线主体建筑分别是五间门房、三间腰房、五间上房。宅院大门位于门房正中，穿过门房是前院，由二道门将前后相隔，避免外人直窥院内情形。雷家世代为官，其院落比一般的市井民宅更加大气，主体建筑梁枋上都有彩画，砖雕、石雕精美，极具西安传统民居特色。

因面临市政改造，2005年该宅由红埠街迁移至长安区五台镇关中民俗博物院内。

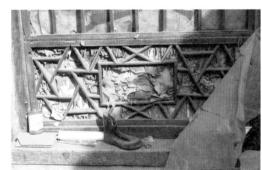

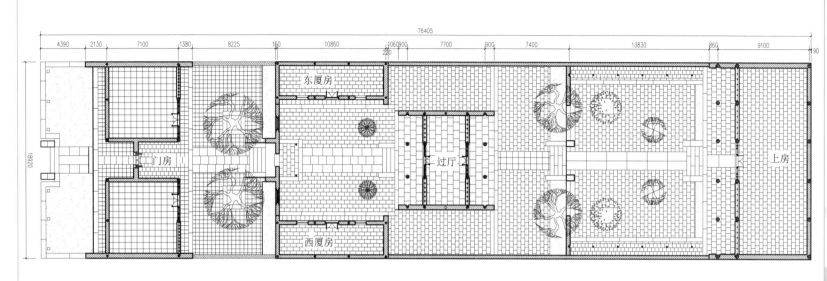

总平面图

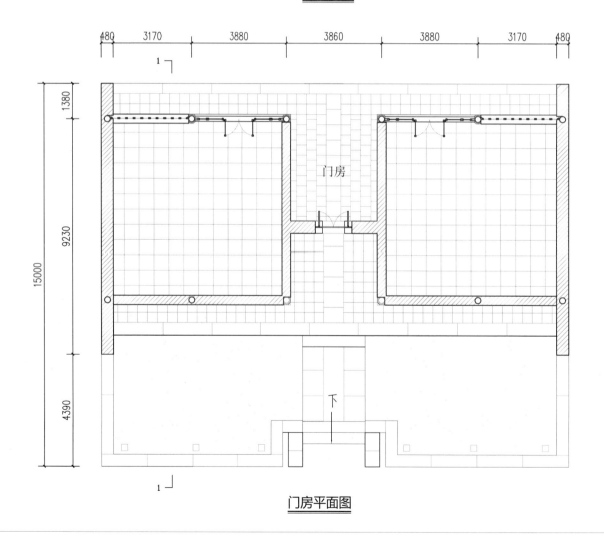

门房平面图

门房南立面图

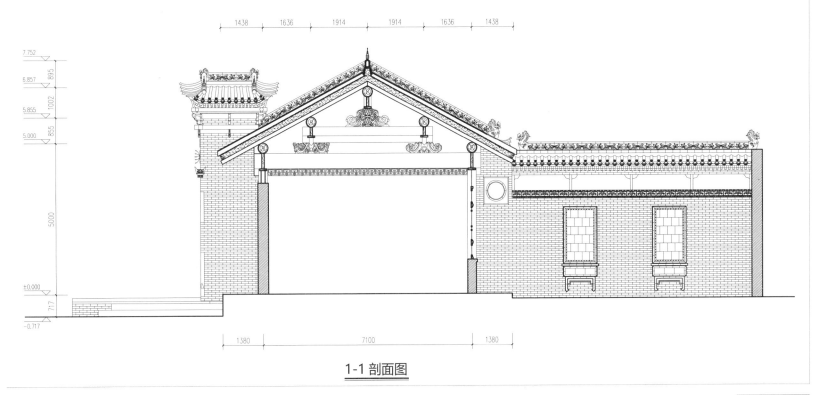

1-1 剖面图

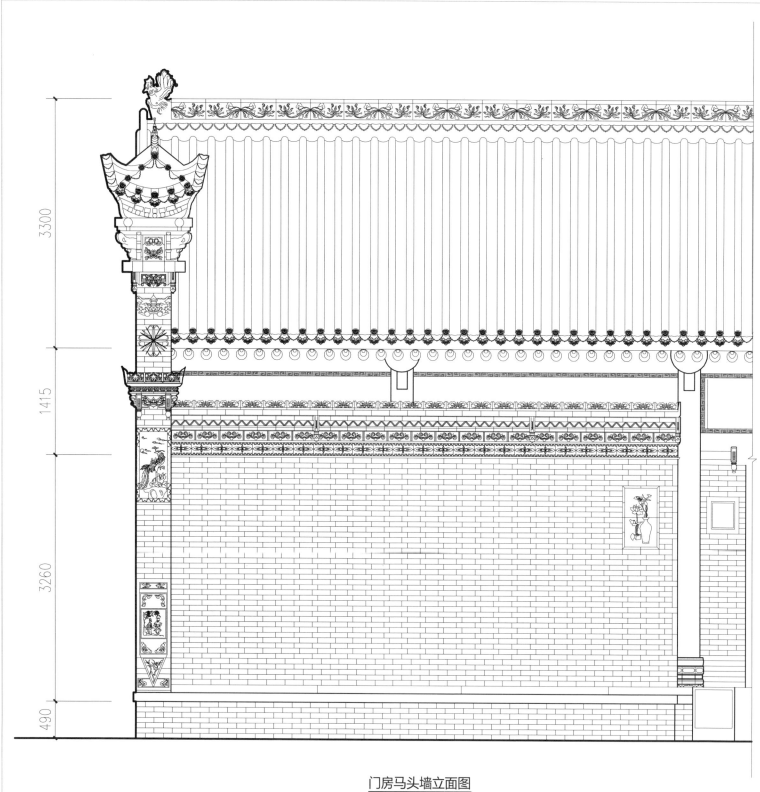

3300

1415

3260

490

门房马头墙立面图

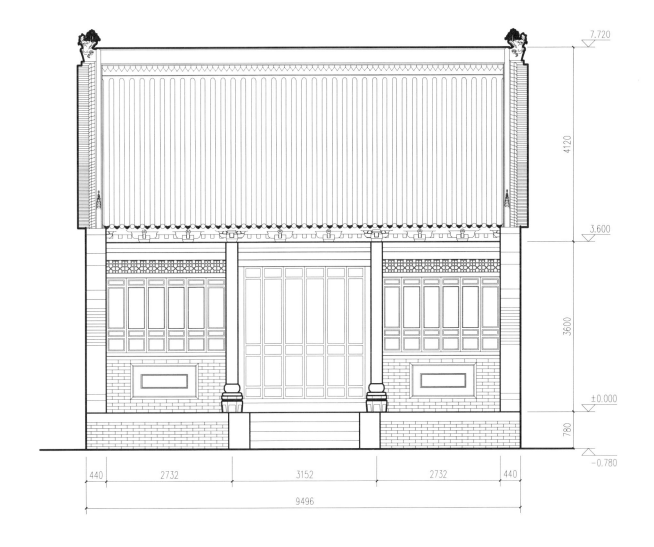

7.720

4120

3.600

3600

±0.000

780

−0.780

440   2732   3152   2732   440

9496

过厅北立面图

7.250

1760

5.490

1525

3.965

3965

±0.000

975

−0.975

480 3380 3680 3840 3680 3380 480

18920

上房北立面图

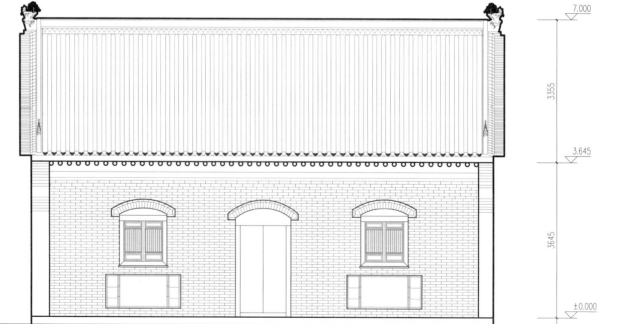

7.000

3355

3.645

3645

±0.000

200 −0.200

11240

西厦房东立面图

『化觉巷125号　安鸿章宅』

安家老宅始建于清乾隆年间，祖上曾做蜡烛生意，在生意兴隆之时修建了四院宅邸，而目前保留下来的仅两院半，也是精华所在。宅主人安守信老人是安家第五代人，曾经是高校教师，正是由于老人当年对宅子的保护使其免遭"文革"时的破坏。20世纪90年代末，安家老宅获得挪威和中国政府的资助，老宅得以修缮，2002年获得"联合国教科文组织亚太地区文化遗产保护奖"。

安宅坐东向西，占地260平方米，院子呈东西长、南北窄的格局，中间一道院门及其门楼将老宅分为前后两部分，前院包括门房和一间小厦房，后院则有一座三间二层的上房和南北厦房。上房内家具布置古朴典雅，方形青砖铺地，室内雕花隔断将空间分为三部分。整个建筑砖雕、木雕精美绝伦，其中二道门门楼上的雕刻更是精致非常，门楣上刻有"高曾矩矱"，教育安家子孙时刻按照祖先的规矩衡量自己。

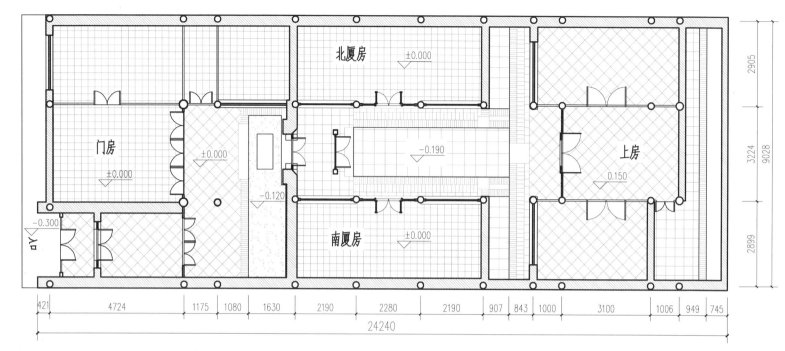

北厦房   ±0.000

门房

±0.000

±0.000

−0.120

−0.190

上房

0.150

南厦房   ±0.000

−0.300

丫口

2905

3224

9028

2899

421   4724   1175   1080   1630   2190   2280   2190   907   843   1000   3100   1006   949   745

24240

北

总平面图

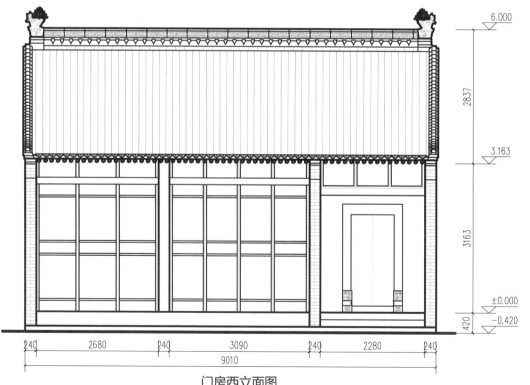

6.000

2837

3.163

3163

±0.000

−0.420

420

240   2680   240   3090   240   2280   240

9010

门房西立面图

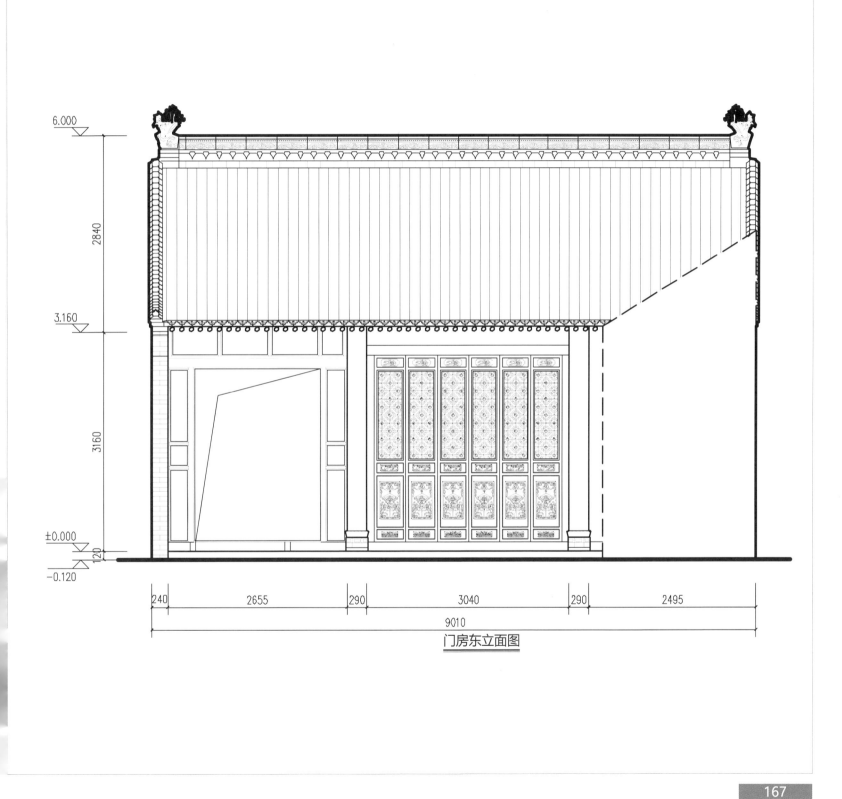

6.000

2840

3.160

3160

±0.000

120

−0.120

240 2655 290 3040 290 2495

9010

门房东立面图

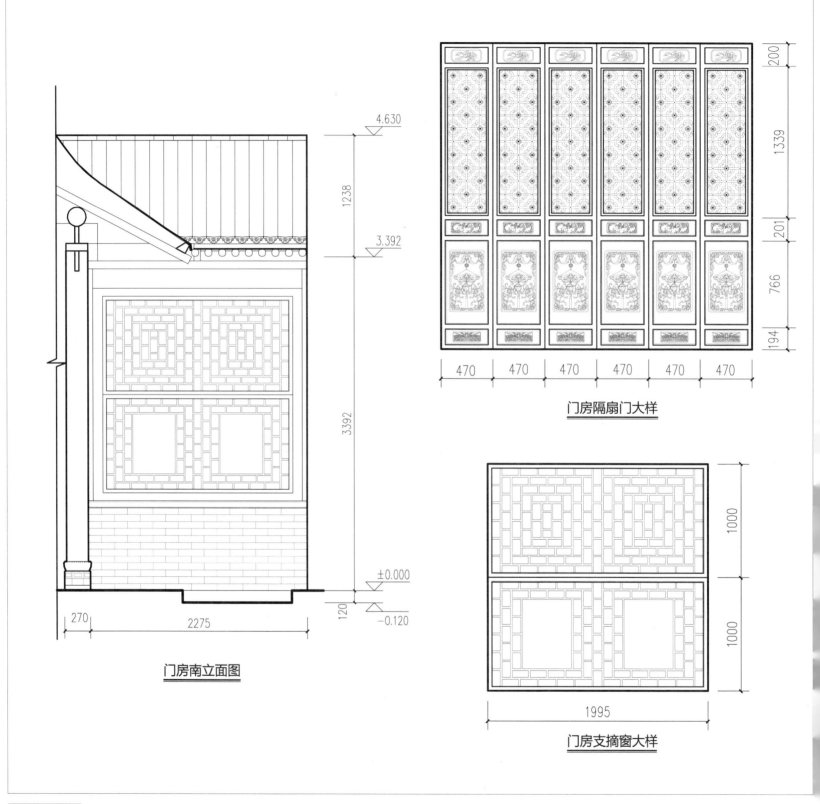

门房南立面图

门房隔扇门大样

门房支摘窗大样

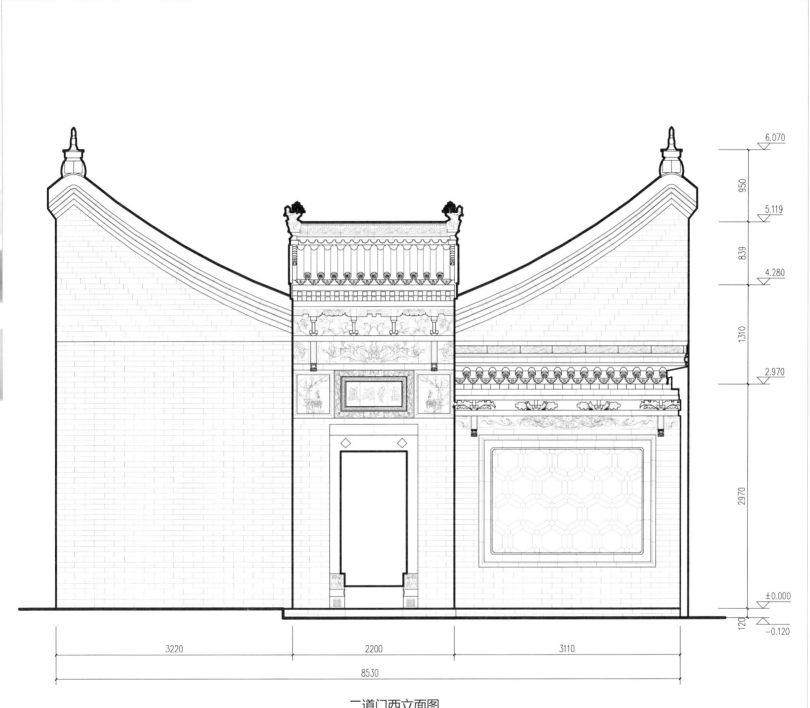

6.070

950

5.119

839

4.280

1310

2.970

2970

±0.000

120

-0.120

3220 2200 3110

8530

二道门西立面图

0   0.5   1   1.5   2m

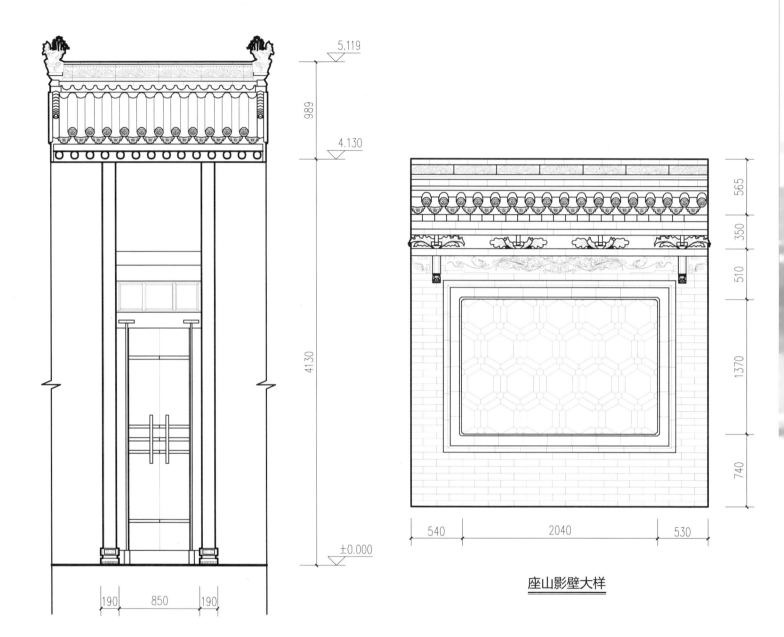

5.119

989

4.130

4130

±0.000

190 850 190

二道门东立面图

565

350

510

1370

740

540 2040 530

座山影壁大样

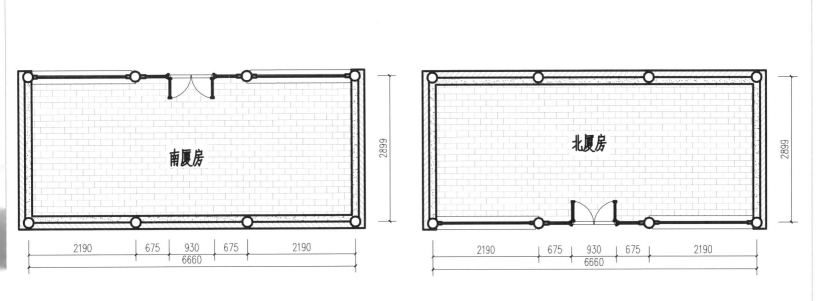

南厦房平面图

北厦房平面图

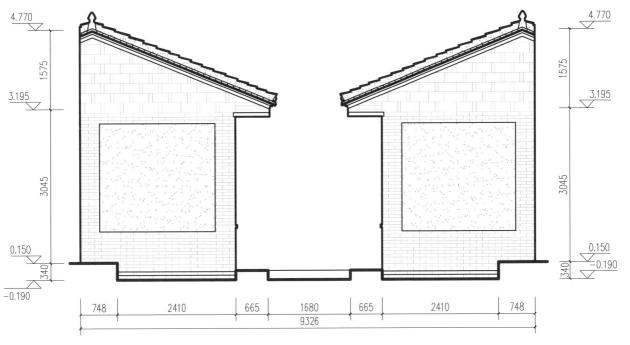

厦房东立面图

4.770

1820

2.950

2950

±0.000

190

−0.190

270 2120 2280 2120 270

7060

南厦房正立面图

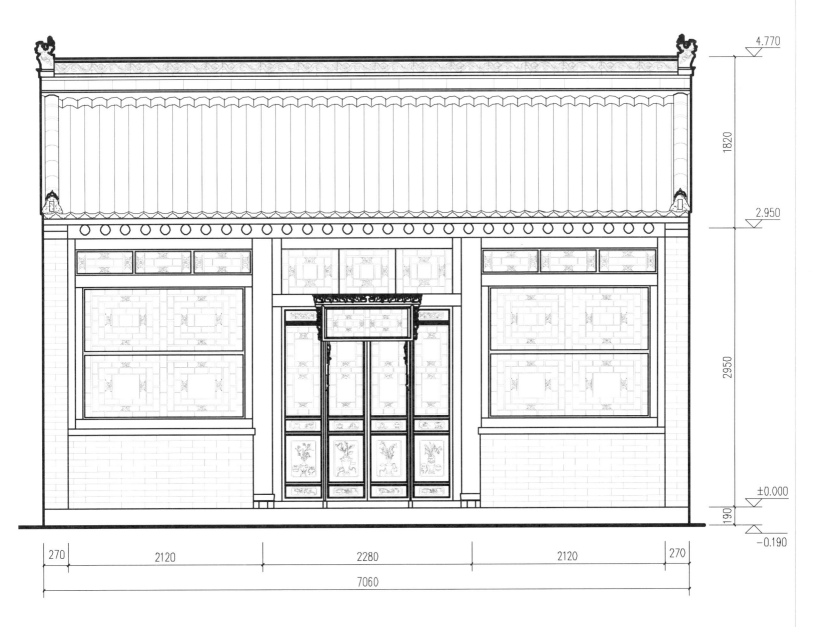

北厦房正立面图

上房正立面图

7.265

2298

4.967

4817

0.150

-0.190

340

380　2800　250　2700　250　2800　380

9560

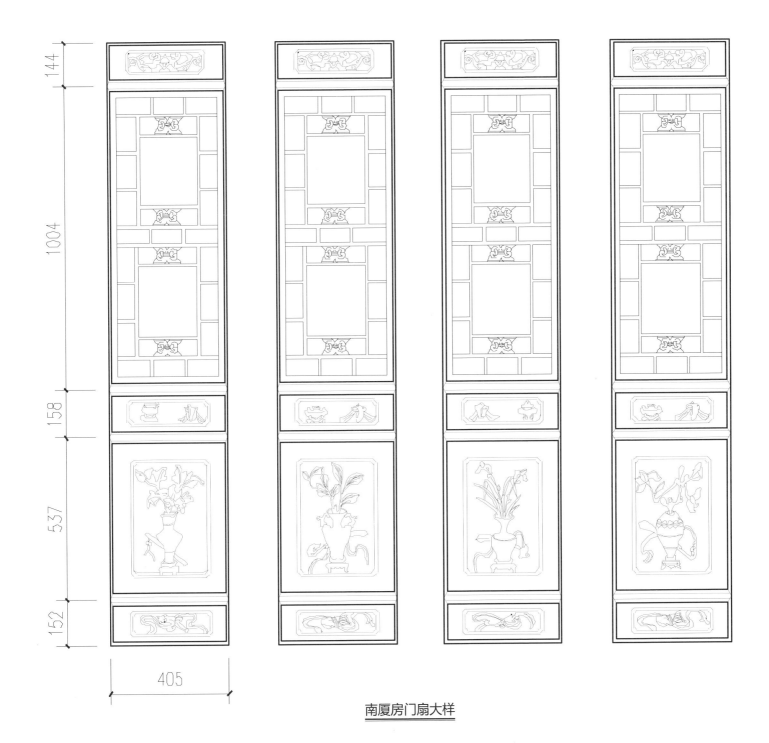

144

1004

158

537

152

405

南厦房门扇大样

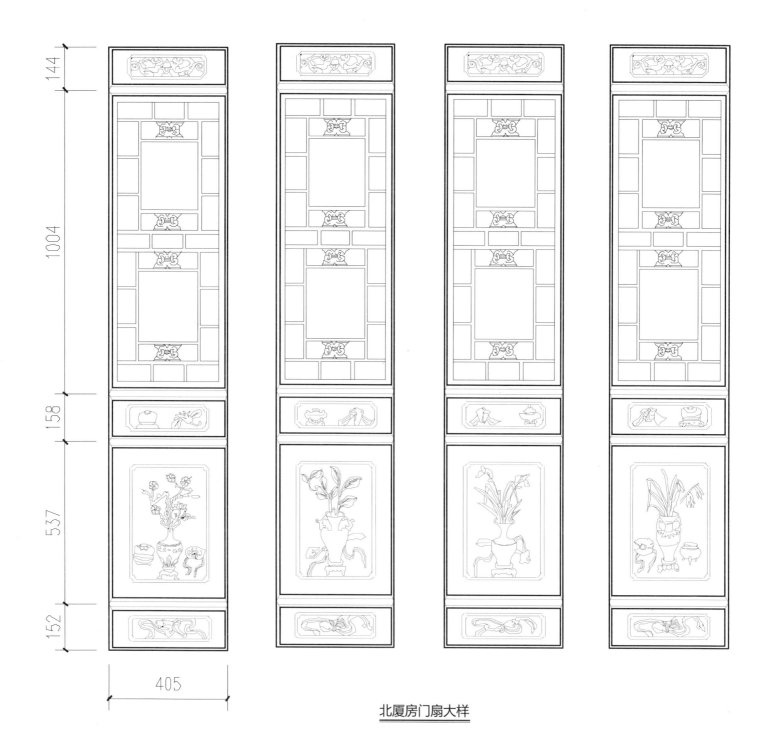

144

1004

158

537

152

405

北厦房门扇大样

「大有巷三联院」

　　大有巷三联院是一处民居群，总体格局三路三进院，外加一个偏院，总占地面积约 1230 ㎡。民居多为砖木混合结构，包含精美的雕刻，其中砖雕主要分布在砖墙墀头、影壁、门楣等处，木雕主要包括建筑大木作部分和小木作部分，如梁架、木门窗框、天花、花罩等，石雕集中在柱础石。

　　三联院曾聚集很多居民，生活气息极其浓郁，院里可见成荫绿树、石桌石椅、室外水龙头、墙角的小花坛、蜂窝煤堆放处等，可惜此院在多年前已全部拆除。

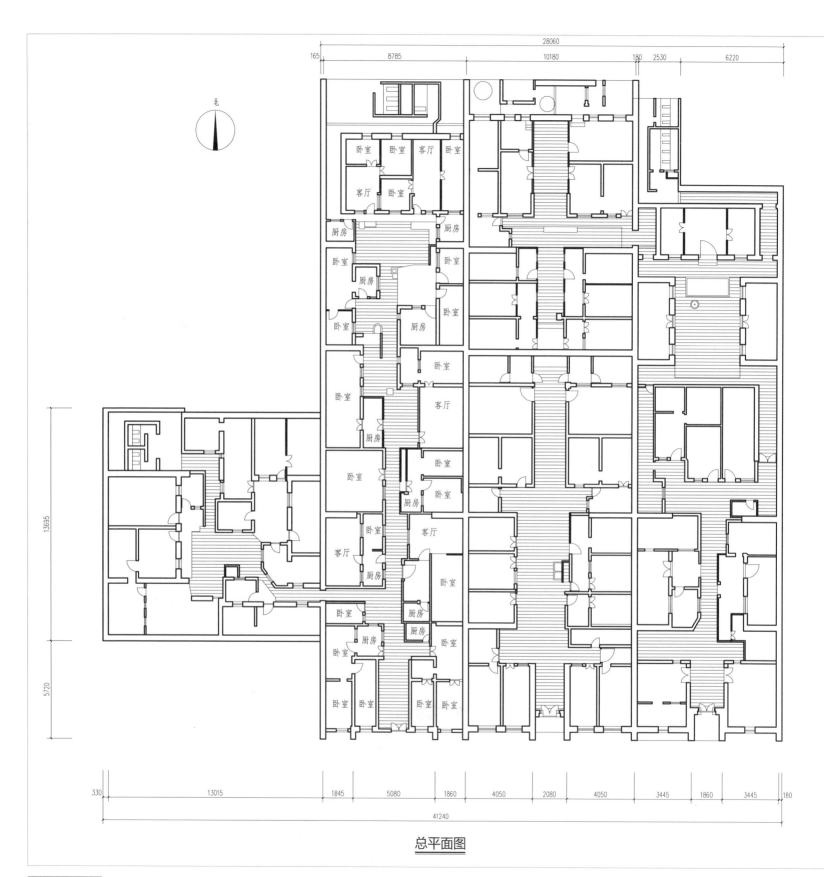

北

卧室　卧室　客厅　卧室
客厅　卧室
厨房　厨房
卧室　卧室
厨房　卧室
卧室　卧室
厨房
卧室
客厅
卧室　卧室
厨房　卧室
卧室　卧室
厨房
卧室　客厅
卧室
客厅　厨房
卧室
厨房
卧室　厨房　卧室
卧室　厨房
卧室
卧室　卧室　卧室　卧室

28060
165　8785　10180　180　2530　6220
13695
5720
330　13015　1845　5080　1860　4050　2080　4050　3445　1860　3445　180
41240

总平面图

178

「青年路213号」

该宅始建于1935年，房主人世代行医。院落整体格局基本完整，但老建筑单体仅存上房，建筑风格融入西式元素，如上房二层的八角窗、拱圈门洞等。内部装饰简洁大方。

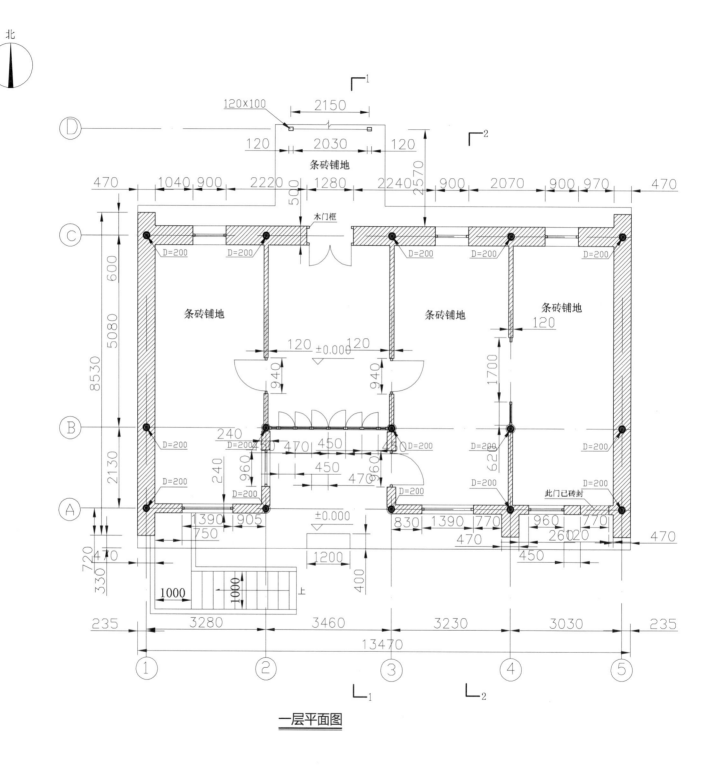

北

120×100
2150
1
2
120×100
2030
120
2570
条砖铺地
470 1040 900 2220 1280 2240 900 2070 900 970 470
500
木门框
C
D=200 D=200 D=200 D=200 D=200
600
条砖铺地 条砖铺地 条砖铺地
8530 5080
120
120 ±0.000 120
940 940
1700
B
240
D=200 470 450 D=200 D=200
D=200 960 450 960 620
240 450
D=200 470 D=200 此门已砖封
A
D=200 1390 905 830 1390 770 960 770
720 750 ±0.000 470 450
330 470 1200 400 26020 470
1000
1000 上
235 3280 3460 3230 3030 235
13470
① ② ③ ④ ⑤

1 2

一层平面图

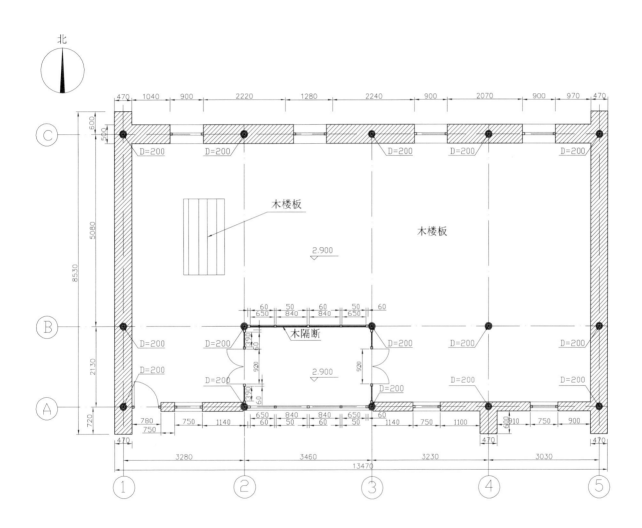

北

木楼板

木楼板

2.900

木隔断

2.900

D=200

二层平面图

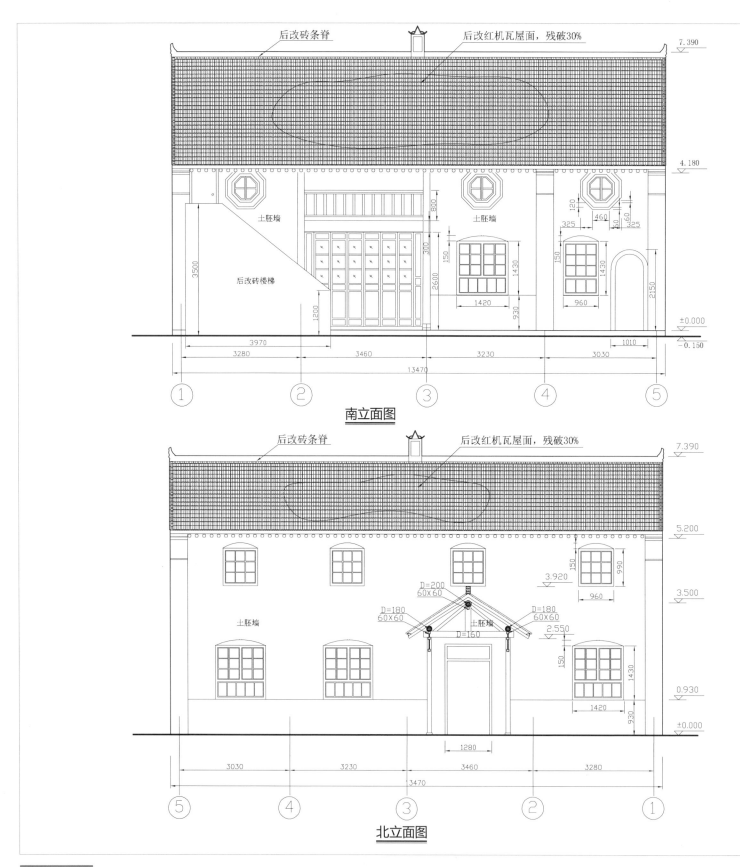

后改砖条脊　　　　　后改红机瓦屋面，残破30%

土胚墙

后改砖楼梯

土胚墙

7.390

4.180

±0.000

-0.150

800

300

150

2600

1200

3500

1420

1430

930

325

460

360

325

150

1430

960

2150

3970

3280

3460

3230

3030

1010

13470

① ② ③ ④ ⑤

南立面图

后改砖条脊　　　　　后改红机瓦屋面，残破30%

土胚墙

土胚墙

D=200
60X60

D=180
60X60

D=180
60X60

D=160

7.390

5.200

3.920

3.500

2.550

0.930

±0.000

150

990

960

150

1430

1420

930

1280

3030

3230

3460

3280

3470

⑤ ④ ③ ② ①

北立面图

182

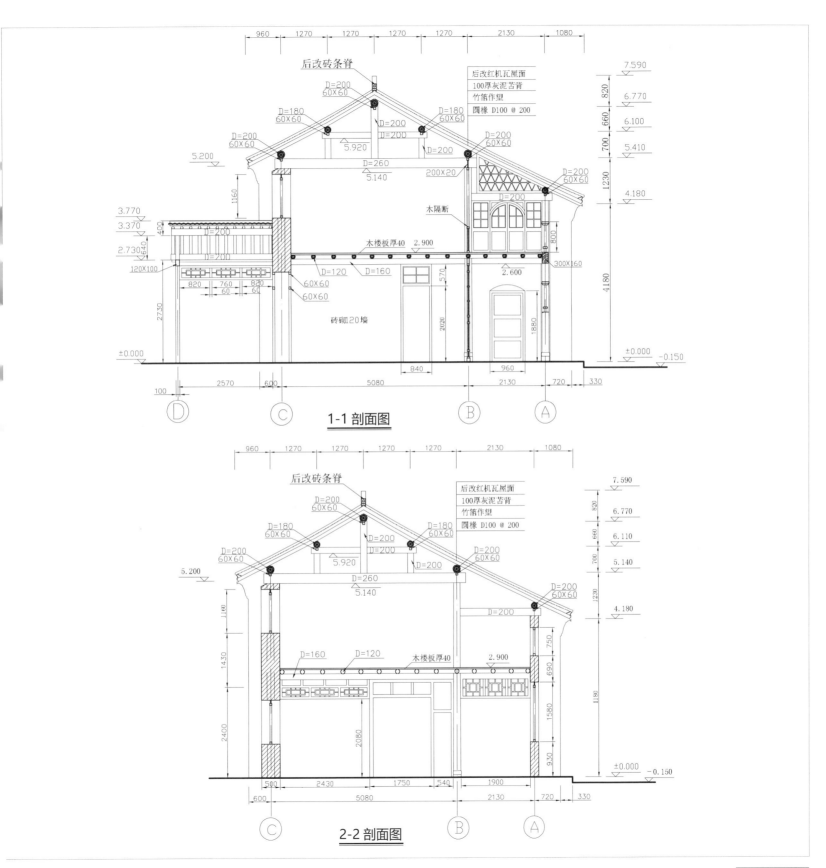

后改砖条脊

后改红机瓦屋面
100厚灰泥苦背
竹箔作望
圆椽 D100 @ 200

木隔断

木楼板厚40

砖砌120墙

D=200
60×60

D=180
60×60

D=200
60×60

D=200

D=200

D=260

D=180
60×60

D=200
60×60

D=200
60×60

D=200

200×20

D=200

D=200

D=120

D=160

120×100

60×60

60×60

1-1 剖面图

后改砖条脊

后改红机瓦屋面
100厚灰泥苦背
竹箔作望
圆椽 D100 @ 200

木楼板厚40

D=200
60×60

D=180
60×60

D=200

D=200

D=260

D=180
60×60

D=200
60×60

D=200
60×60

D=200

D=160

D=120

2-2 剖面图

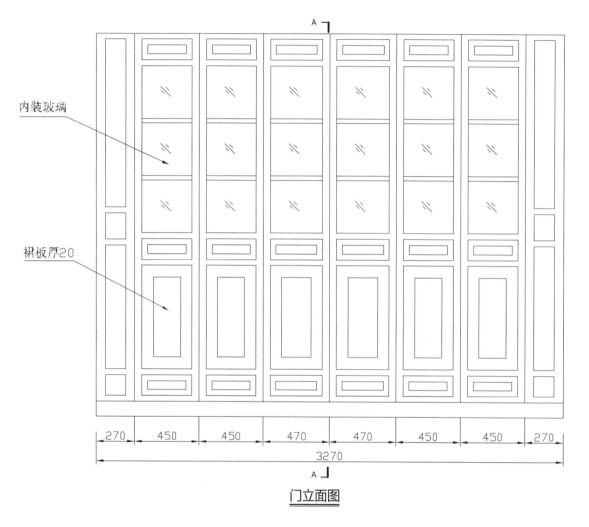

内装玻璃

裙板厚20

270　450　450　470　470　450　450　270
3270

门立面图

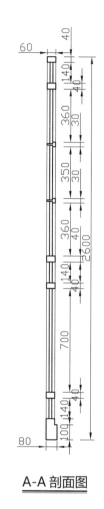

A-A 剖面图

600 140　350　350　370　370　350　350　140　60
　　　　50　50　50　50　50　50　50
　　　60　　50　50　50　50　50　50
270　450　450　470　470　450　450　270
3270

平面图

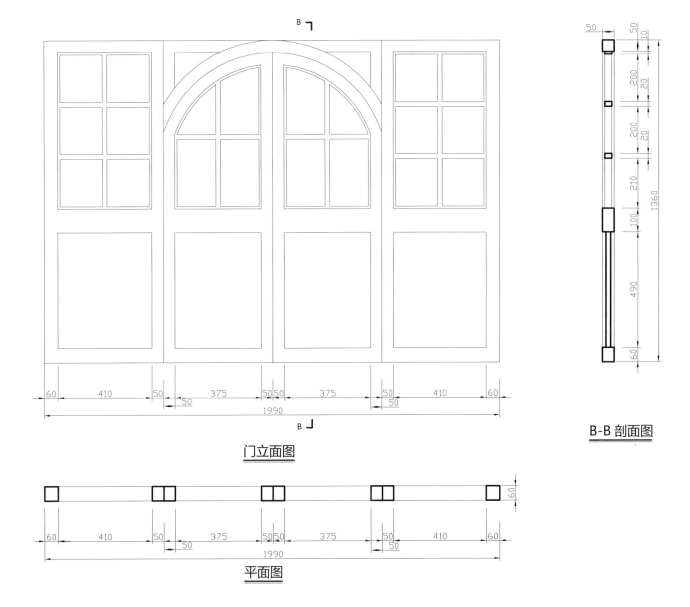

B

B

60　410　50　375　50 50　375　50　410　60
50　　　　　　　　　　　　50
1990

门立面图

50　50
10
200 20
200 20
210
100
1360
490
60

B-B 剖面图

60
60　410　50　375　50 50　375　50　410　60
50　　　　　　　　　　　　50
1990

平面图

「大莲花池街 11 号」

该宅院为清式传统民居，南厦房已经改建，仅剩三开间带阁楼的厅房保存较好。窗棂图案古典，瓜柱下驼峰大卷纹饰样雕刻精美，呈双龙状门，门扇门楣、雀替上都有古朴的雕刻。

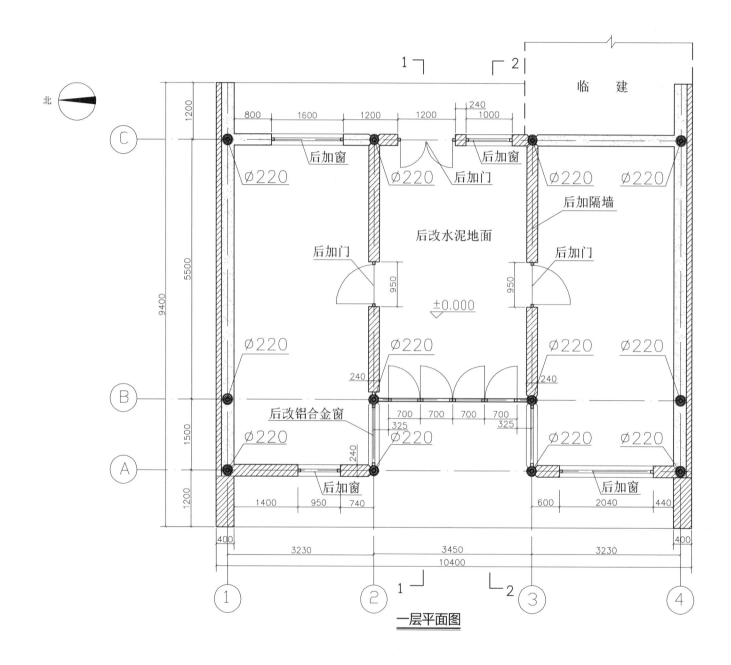

北

临　建

1

2

1200

800 1600 1200 1200 240 1000

C

Ø220

后加窗

Ø220

后加门

后加窗

Ø220

Ø220

后加隔墙

9400

5500

后加门

后改水泥地面

后加门

950

950

±0.000

Ø220

Ø220

Ø220

Ø220

B

240

240

后改铝合金窗

700 700 700 700

Ø220

325

325

1500

240

Ø220

Ø220

Ø220

Ø220

A

Ø220

后加窗

后加窗

1200

1400 950 740

600 2040 440

400

3230

3450

3230

400

10400

1

2

1

2

3

4

一层平面图

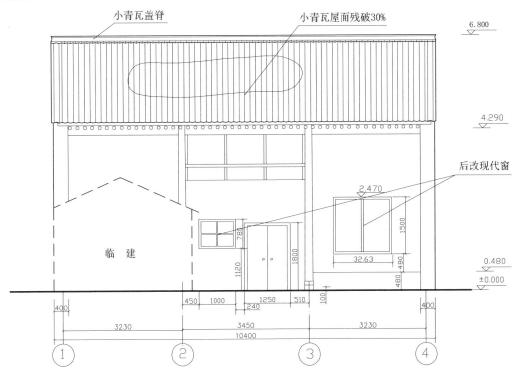

小青瓦盖脊　　　　　小青瓦屋面残破30%　　　　　　　　　6.800

4.290

后改现代窗

2.470

1500

32.63

480

480

0.480
±0.000

临　建

780

1120

1800

100

400　　450　1000　　1250　510　　　3230　　　　400
240

3230　　　　3450　　　　3230

10400

① ② ③ ④

背立面图

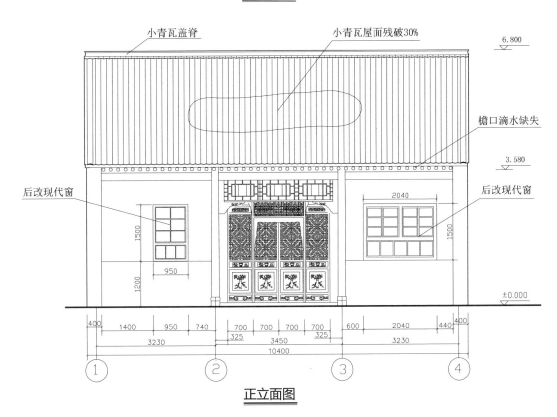

小青瓦盖脊　　　　　小青瓦屋面残破30%　　　　　　　　　6.800

檐口滴水缺失

3.580

后改现代窗　　　　　　　　　　　　　　　　　　　后改现代窗

2040

1500　　　　　　　　　　1500

1200

950

±0.000

400　1400　　950　　740　700　700　700　700　600　　2040　　440 400
325　　　　　　325

3230　　　325　3450　325　　　3230

10400

① ② ③ ④

正立面图

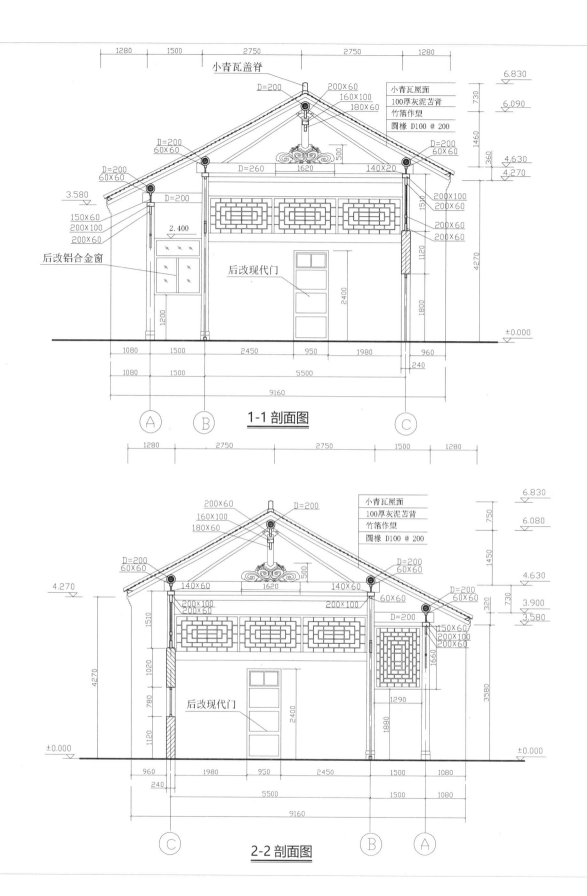

小青瓦盖脊

D=200
200X60
160X100
180X60

小青瓦屋面
100厚灰泥苫背
竹箔作望
圆椽 D100 @ 200

6.830

6.090

730

D=200
60X60

500

D=200
60X60

1460

360

D=200

3.580

D=260

1620

140X20

D=200
60X60

4.630
4.270

150X60
200X100
200X60

2.400

200X100
200X60
200X60

1510

后改铝合金窗

1120

后改现代门

1200

2400

1800

4270

±0.000

| 1080 | 1500 | 2450 | 950 | 1980 | 960 |

240

| 1080 | 1500 | 5500 | | |

9160

Ⓐ   Ⓑ   1-1 剖面图   Ⓒ

| 1280 | 2750 | 2750 | 1500 | 1280 |

200X60
160X100
180X60

D=200

小青瓦屋面
100厚灰泥苫背
竹箔作望
圆椽 D100 @ 200

6.830

6.080

750

D=200
60X60

500

D=200
60X60

1450

4.270

140X60

1620

140X60

4.630

60X60

D=200
60X60

200X100
200X60

200X100

3.900
3.580

1510

D=200

150X60
200X100
200X60

1020

4270

后改现代门

780

2400

1290

1660

1880

3580

1120

±0.000

±0.000

| 960 | 1980 | 950 | 2450 | 1500 | 1080 |

240

| 5500 | | 1500 | 1080 |

9160

Ⓒ   2-2 剖面图   Ⓑ   Ⓐ

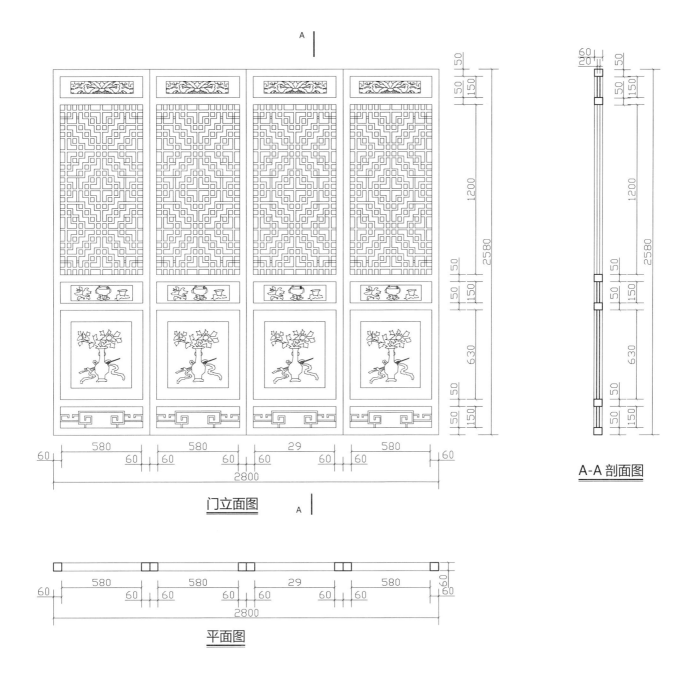

门立面图

A-A 剖面图

平面图

「大莲花池街43号」

该老宅具体建造年代无法考证，从建筑形制和建筑用材分析，43号院应为清后期至民国时古民居，现仍做居民住房。院落整体为二进院，现一进院已被改建，二进院保存比较完好，其中建筑形制、规模无大的变化。

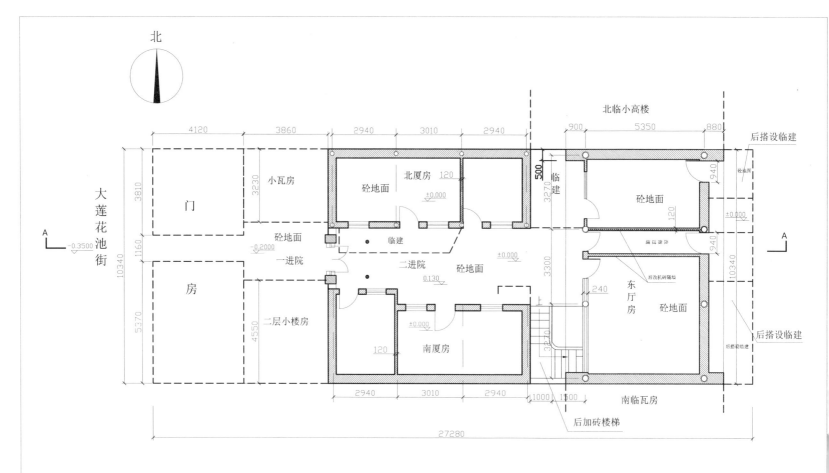

北

北临小高楼

后搭设临建

大莲花池街

小瓦房

门

房

砼地面

北厦房

砼地面

±0.000

临建

砼地面

临建

一进院

砼地面

二进院

砼地面

二层小楼房

南厦房

砼地面

后改机砖隔墙

东厅房

砼地面

后搭设临建

后搭设临建

后加砖楼梯

南临瓦房

总平面图

一进院改建瓦房

屋脊缺失、小青瓦件残破55%

后搭设临建

芦席临时间隔 土坯墙

35厚木楼板

机砖隔墙

土坯墙

后开门洞

临街房

小瓦房

① 二门

② 北厦房

③

④

Ⓐ 东厅房

Ⓑ

A-A 剖面图

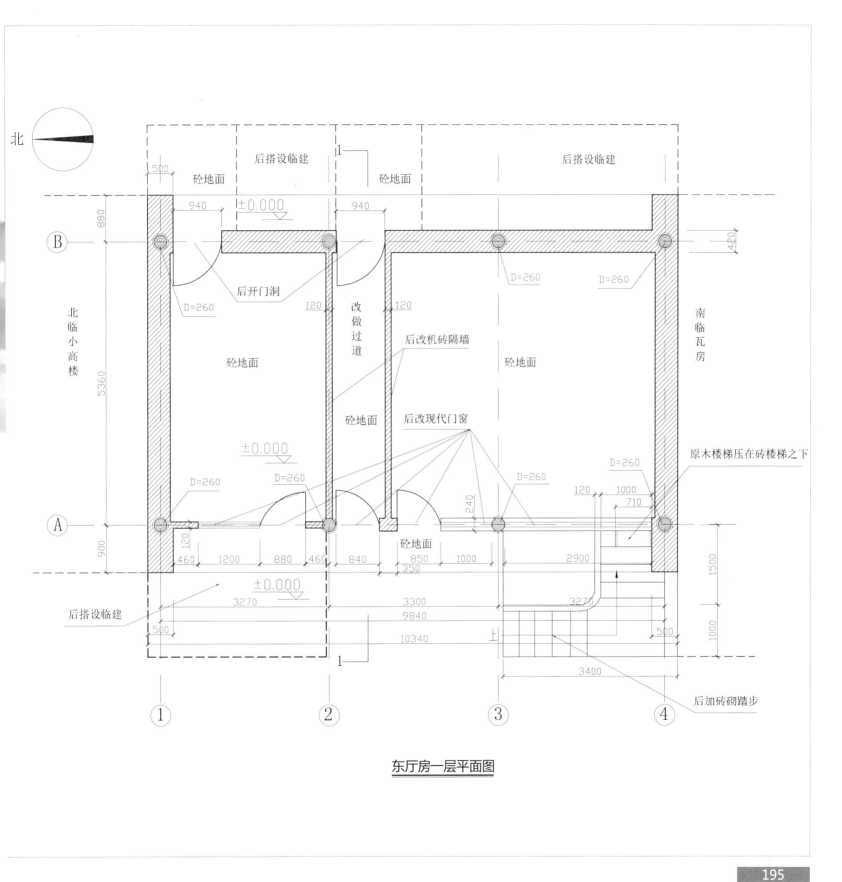

北

后搭设临建

砼地面

后搭设临建

500

940

±0.000

940

砼地面

880

B

D=260

D=260

420

后开门洞

北临小高楼

D=260

改做过道

后改机砖隔墙

南临瓦房

5360

砼地面

120

120

砼地面

后改现代门窗

砼地面

±0.000

原木楼梯压在砖楼梯之下

D=260

D=260

240

D=260

D=260

120

1000

A

710

120

砼地面

900

460

1200

880

460

840

850

1000

2900

1500

350

±0.000

3270

3300

3270

500

后搭设临建

9840

500

1000

10340

上

1

①

②

③

④

3400

后加砖砌踏步

东厅房一层平面图

195

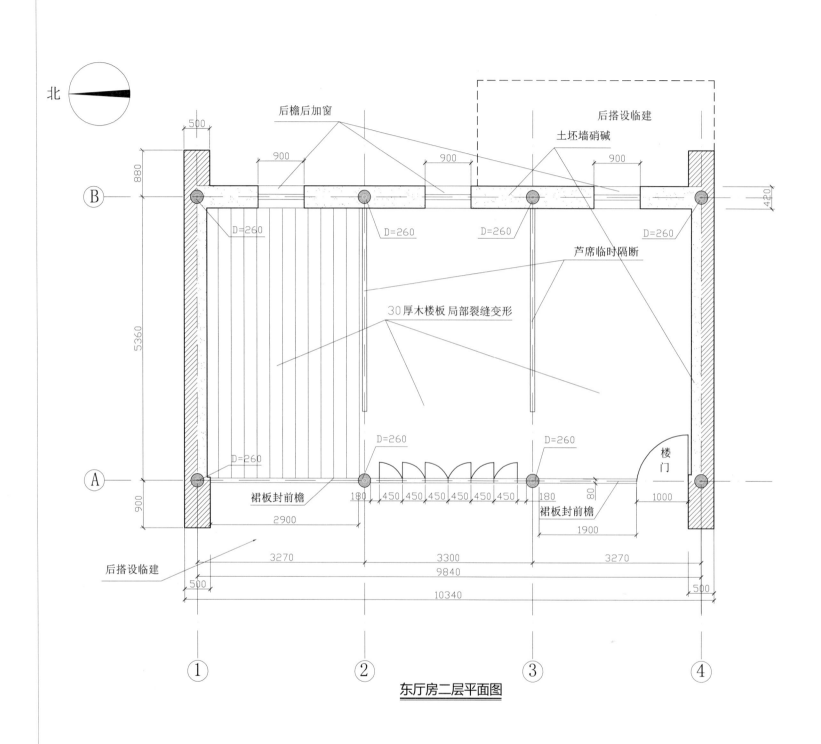

北

后檐后加窗

后搭设临建

土坯墙硝碱

D=260   D=260   D=260   D=260

芦席临时隔断

30厚木楼板 局部裂缝变形

D=260   D=260   D=260

楼门

裙板封前檐

180 450 450 450 450 450 450 180

裙板封前檐

500

880

5360

900

2900

1900

80

1000

后搭设临建

500

3270   3300   3270

9840

10340

500

420

900

① ② ③ ④

东厅房二层平面图

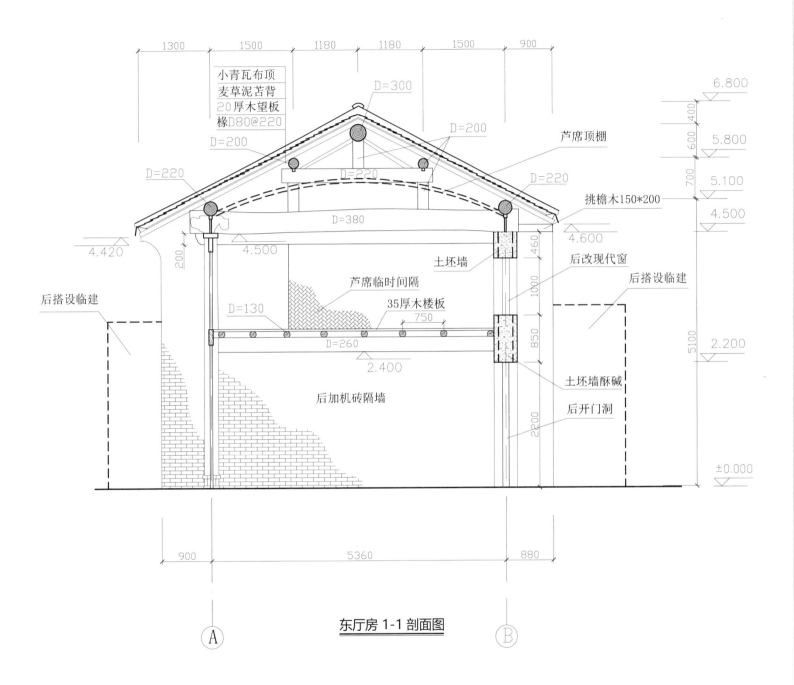

小青瓦布顶
麦草泥苫背
20厚木望板
椽D80@220

D=300
D=200
D=200
D=220
D=220
D=220
D=380
D=130
D=260
D=200

芦席顶棚

挑檐木150*200

土坯墙

后改现代窗

后搭设临建

芦席临时间隔

35厚木楼板

750

土坯墙酥碱

后搭设临建

后加机砖隔墙

后开门洞

4.420
4.500
4.500
4.600
2.400

6.800
5.800
5.100
4.500
2.200
±0.000

400
600
700
460
1000
850
2200
5100
200

1300   1500   1180   1180   1500   900

900   5360   880

东厅房 1-1 剖面图

Ⓐ   Ⓑ

197

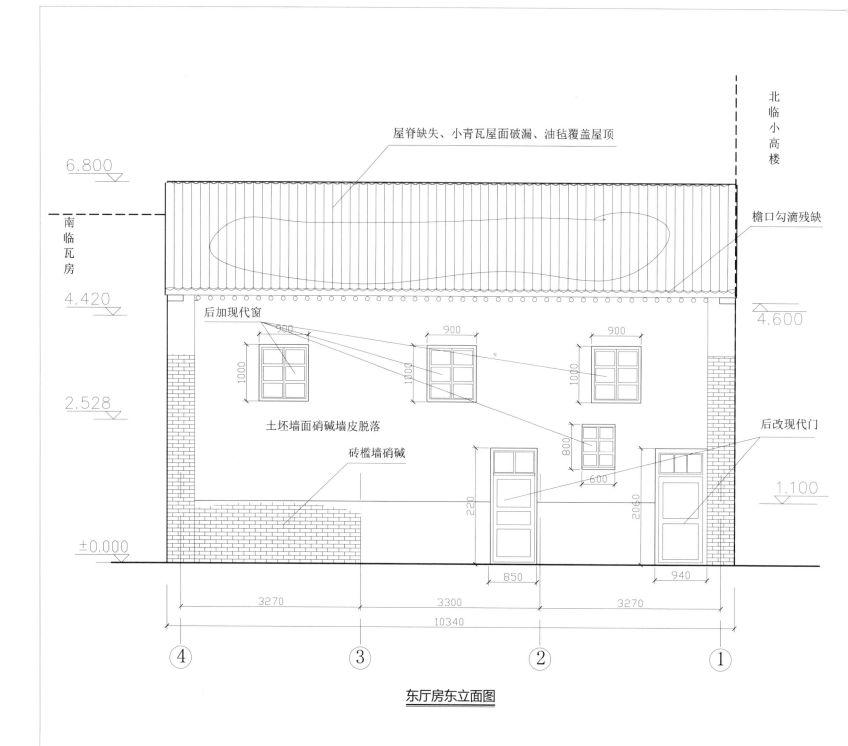

屋脊缺失、小青瓦屋面破漏、油毡覆盖屋顶

北临小高楼

檐口勾滴残缺

6.800

南临瓦房

4.420

4.600

后加现代窗

900

900

900

1000

1000

1000

土坯墙面硝碱墙皮脱落

后改现代门

2.528

800

砖槛墙硝碱

600

220

2060

1.100

±0.000

850

940

3270

3300

3270

10340

④ ③ ② ①

东厅房东立面图

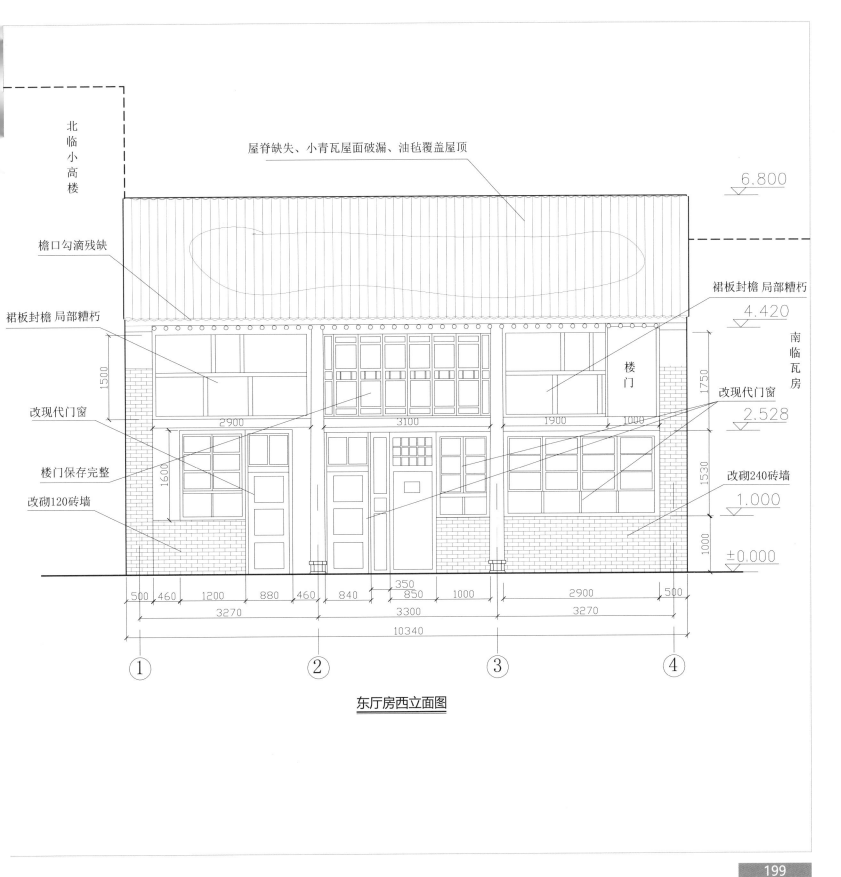

北临小高楼

屋脊缺失、小青瓦屋面破漏、油毡覆盖屋顶

6.800

檐口勾滴残缺

裙板封檐 局部糟朽

4.420

南临瓦房

裙板封檐 局部糟朽

改现代门窗

楼门

改现代门窗

2.528

1500

1750

2900

3100

1900

1000

楼门保存完整

1600

改砌240砖墙

1530

1.000

改砌120砖墙

1000

±0.000

500 460 1200 880 460 840 350 850 1000 2900 500

3270 3300 3270

10340

① ② ③ ④

东厅房西立面图

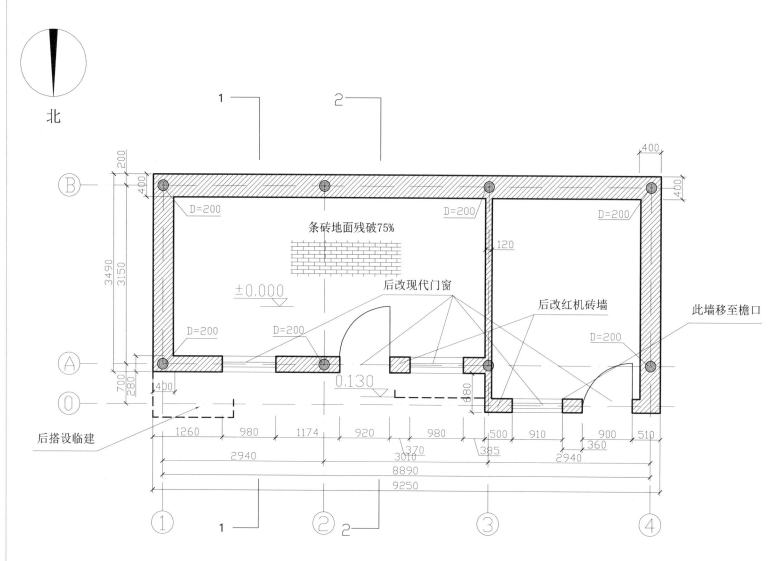

北

1
2

B

D=200

条砖地面残破75%

±0.000

后改现代门窗

后改红机砖墙

此墙移至檐口

D=200

D=200

D=200

D=200

D=200

D=200

0.130

后搭设临建

200
400
3490
3150
700
280
400

400
400
120

480

1260
980
1174
920
980
500
910
900
510
370
385
360
2940
3010
2940
8890
9250

A

O

1
2
3
4

1
2

南厦房平面图

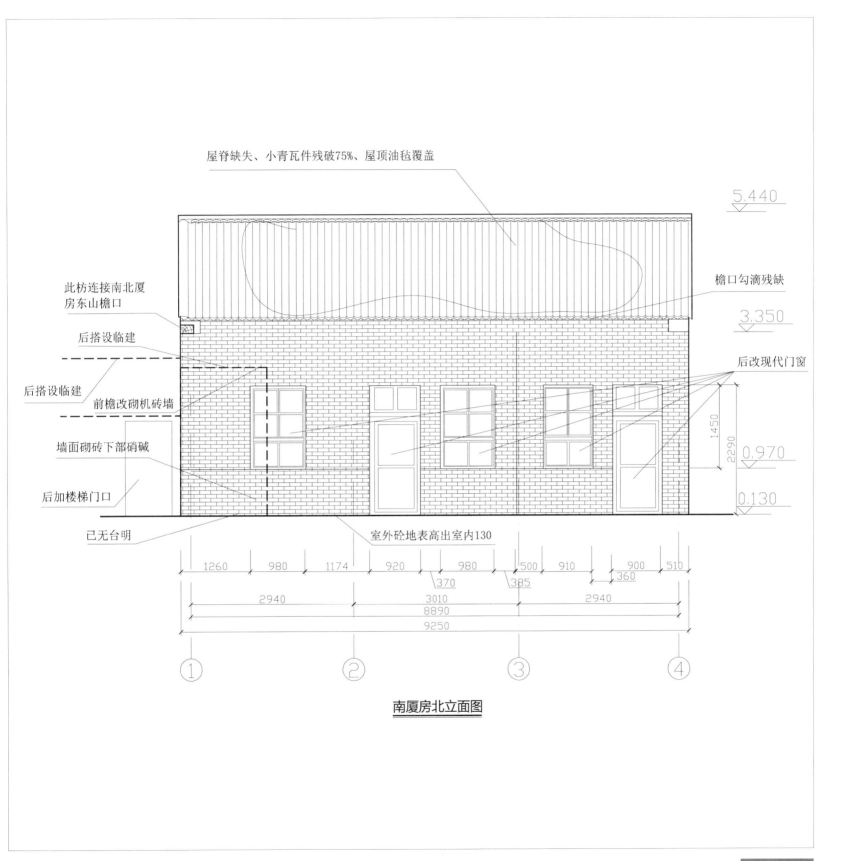

屋脊缺失、小青瓦件残破75%、屋顶油毡覆盖

5.440

此枋连接南北厦房东山檐口

檐口勾滴残缺

3.350

后搭设临建

后搭设临建

后改现代门窗

前檐改砌机砖墙

墙面砌砖下部硝碱

1450

2290

0.970

后加楼梯门口

已无台明

0.130

室外砼地表高出室内130

1260 980 1174 920 980 500 910 900 510

370 385 360

2940 3010 2940

8890

9250

① ② ③ ④

南厦房北立面图

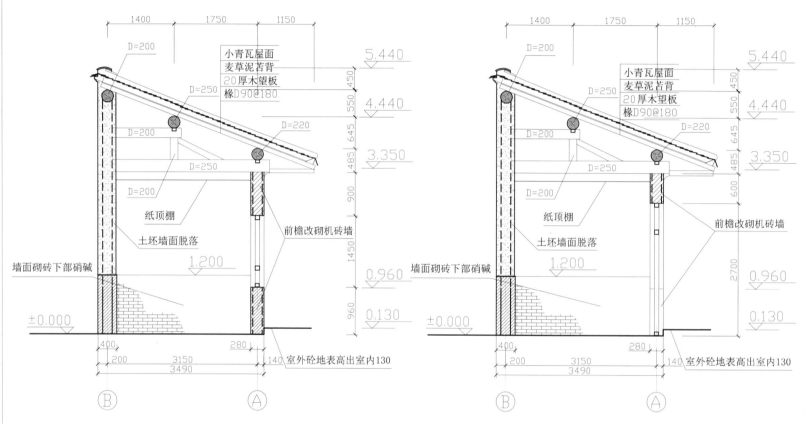

南厦房 1-1 剖面图

南厦房 2-2 剖面图

1-1 剖面图 labels:
1400　1750　1150
D=200
小青瓦屋面
麦草泥苫背
20厚木望板
椽D90@180
D=250
D=220
D=200
D=250
D=200
纸顶棚
土坯墙面脱落
前檐改砌机砖墙
墙面砌砖下部硝碱
±0.000
400
200
3150
3490
280
140 室外砼地表高出室内130
5.440
4.440
3.350
1.200
0.960
0.130
450　550　645　485　900　1450　960
Ⓑ Ⓐ

2-2 剖面图 labels:
1400　1750　1150
D=200
小青瓦屋面
麦草泥苫背
20厚木望板
椽D90@180
D=250
D=220
D=200
D=250
D=200
纸顶棚
土坯墙面脱落
前檐改砌机砖墙
墙面砌砖下部硝碱
±0.000
400
200
3150
3490
280
140 室外砼地表高出室内130
5.440
4.440
3.350
1.200
0.960
0.130
450　550　645　485　600　2700
Ⓑ Ⓐ

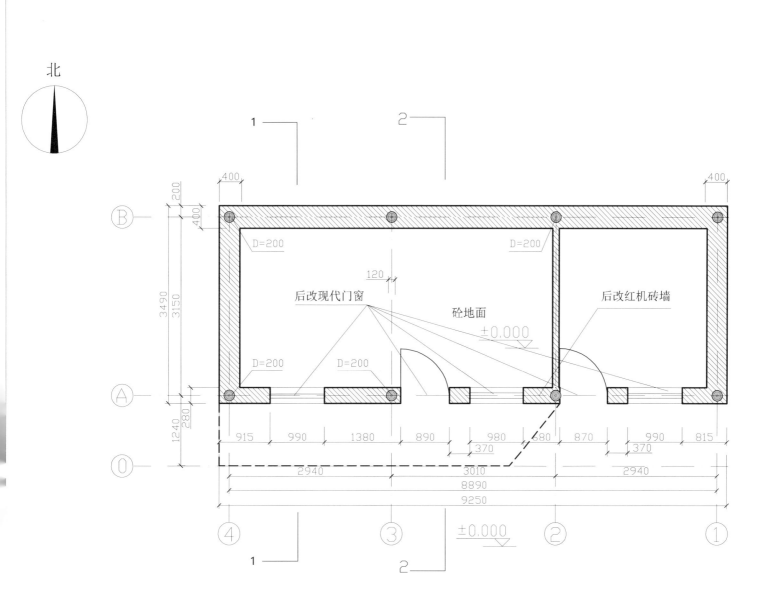

北

北厦房平面图

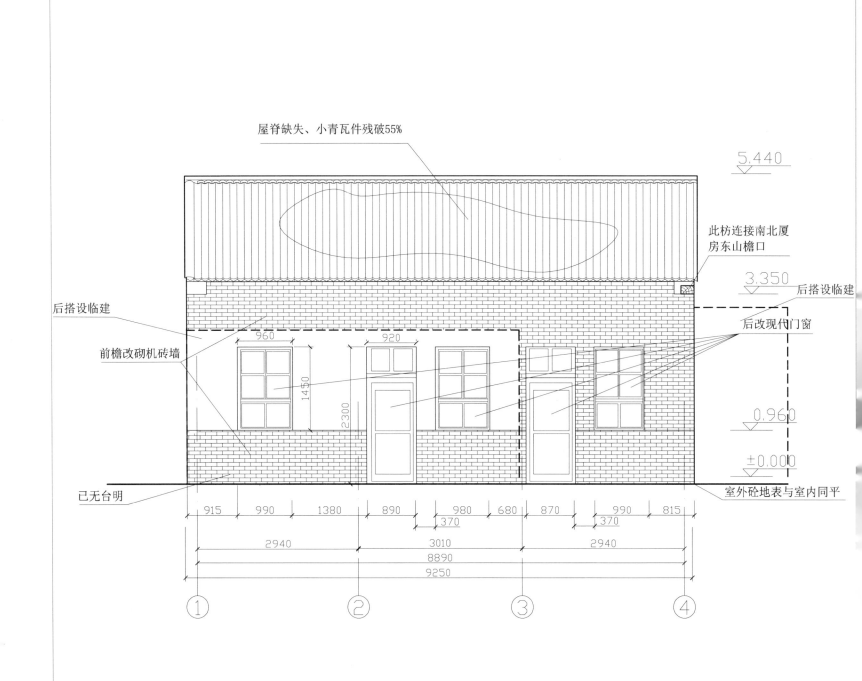

屋脊缺失、小青瓦件残破55%

5.440

此枋连接南北厦
房东山檐口

3.350

后搭设临建

后搭设临建

后改现代门窗

前檐改砌机砖墙

960

920

1450

2300

0.960

±0.000

已无台明

室外砼地表与室内同平

915　990　1380　890　980　680　870　990　815

370　　370

2940　3010　2940

8890

9250

① ② ③ ④

北厦房南立面图

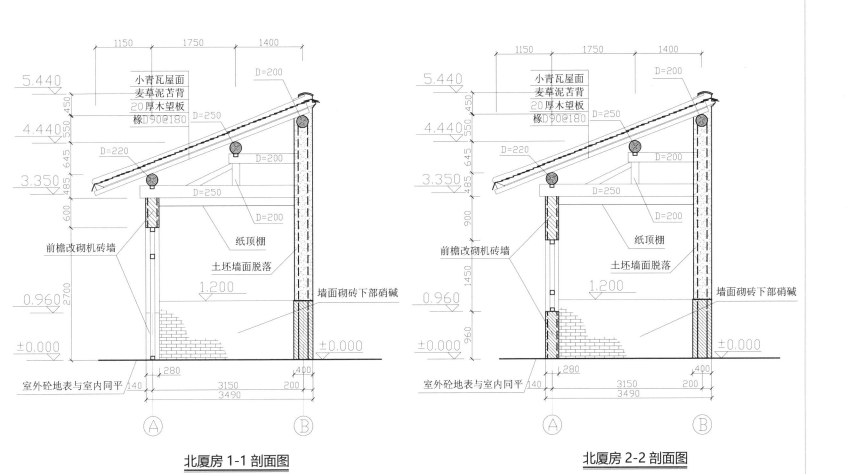

小青瓦屋面
麦草泥苫背
20厚木望板
椽D90@180

D=200
D=250
D=220
D=250
D=200
D=200

纸顶棚

前檐改砌机砖墙

土坯墙面脱落

墙面砌砖下部硝碱

室外砼地表与室内同平

5.440
4.440
3.350
0.960
±0.000

450
550
645
485
600
2700
1.200
140
280
3150
200
3490

Ⓐ Ⓑ

北厦房 1-1 剖面图

小青瓦屋面
麦草泥苫背
20厚木望板
椽D90@180

D=200
D=250
D=220
D=250
D=200
D=200

纸顶棚

前檐改砌机砖墙

土坯墙面脱落

墙面砌砖下部硝碱

室外砼地表与室内同平

5.440
4.440
3.350
0.960
±0.000

450
550
645
485
900
1450
960
1.200
140
280
3150
200
3490

Ⓐ Ⓑ

北厦房 2-2 剖面图

『小皮院 43 号』

　　原门牌号为小皮院 42 号，房主孙姓。该院始建于清末，整体格局保存较好，现存建筑厅房、厦房、门房。屋内陈设老家具以及 50 多年的玻璃镶嵌画，尤为珍贵。

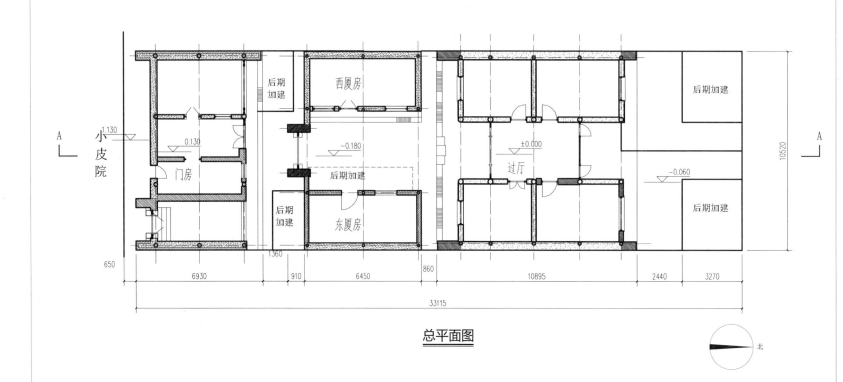

小皮院

A

A

1.130

门房
0.130

后期加建

西厦房
−0.180

后期加建

后期加建

东厦房

±0.000

过厅

后期加建

−0.060

后期加建

650

6930

1360

910

6450

860

10895

2440

3270

33115

10520

总平面图

北

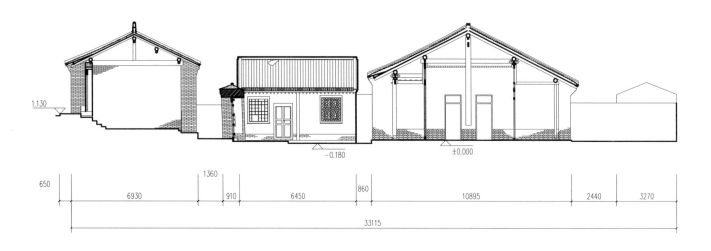

1.130

−0.180

±0.000

650

6930

1360

910

6450

860

10895

2440

3270

33115

A-A 剖面图

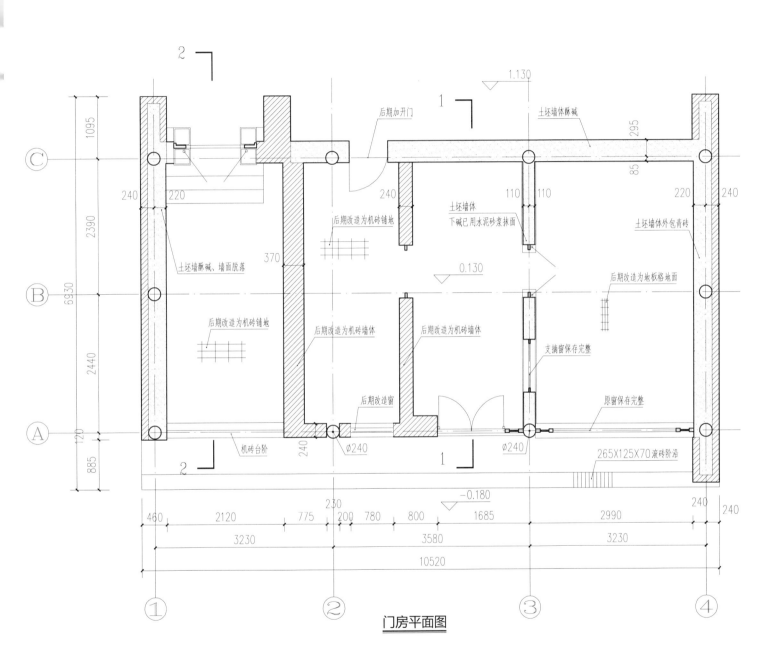

后期加开门

土坯墙体酥碱

1.130

土坯墙体
下碱已用水泥砂浆抹面

土坯墙体外包青砖

后期改造为机砖铺地

后期改造为地板格地面

土坯墙酥碱、墙面脱落

0.130

后期改造为机砖铺地

后期改造为机砖墙体

后期改造为机砖墙体

支摘窗保存完整

后期改造窗

原窗保存完整

机砖台阶

ø240

ø240

265X125X70滚砖阶沿

-0.180

240 220
370
240
110 110
220 240
295
85

1095
2390
6930
2440
120
885

460 2120 775 230 200 780 800 1685 2990 240 240
3230 3580 3230
10520

① ② ③ ④

门房平面图

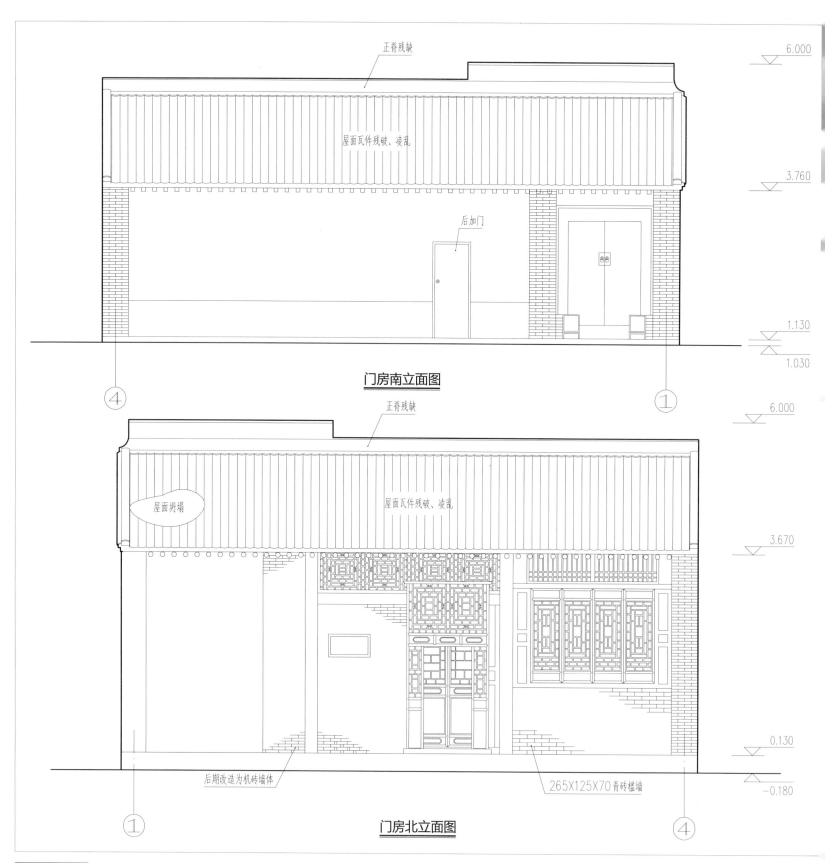

正脊残缺

6.000

屋面瓦件残破、凌乱

3.760

后加门

1.130

1.030

门房南立面图

④ ①

正脊残缺

6.000

屋面坍塌

屋面瓦件残破、凌乱

3.670

0.130

-0.180

后期改造为机砖墙体

265X125X70青砖槛墙

门房北立面图

① ④

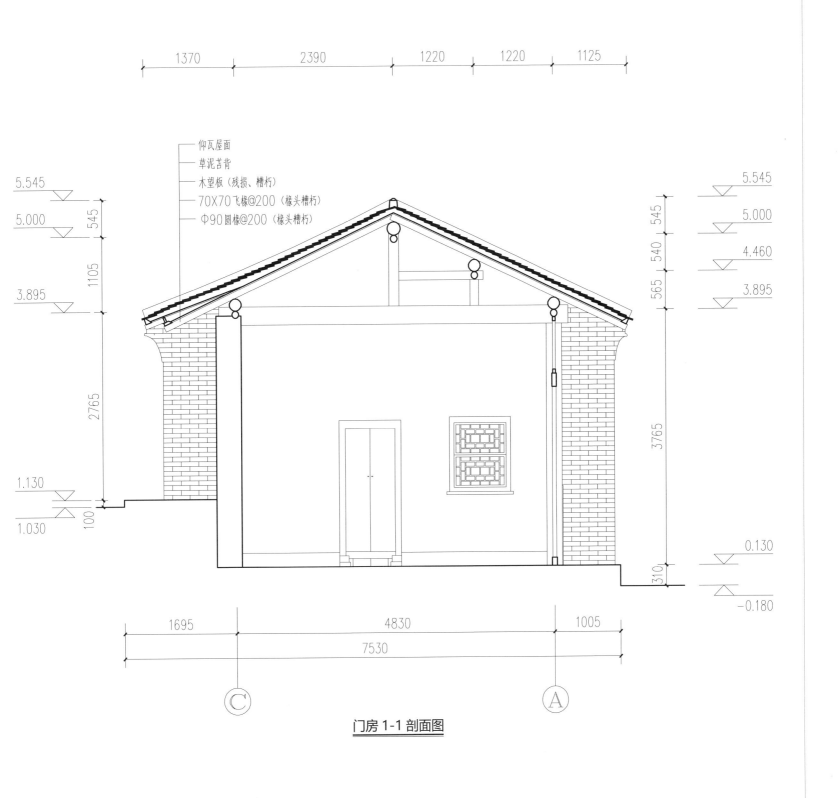

1370　　2390　　1220　　1220　　1125

仰瓦屋面
草泥苫背
木望板（残损、糟朽）
70×70飞椽@200（椽头糟朽）
Φ90圆椽@200（椽头糟朽）

5.545
5.000
545
1105
3.895

2765

1.130
1.030
100

5.545
5.000
545
4.460
540
3.895
565

3765

0.130
310
−0.180

1695　　4830　　1005
7530

C　　　　　　　　A

门房 1-1 剖面图

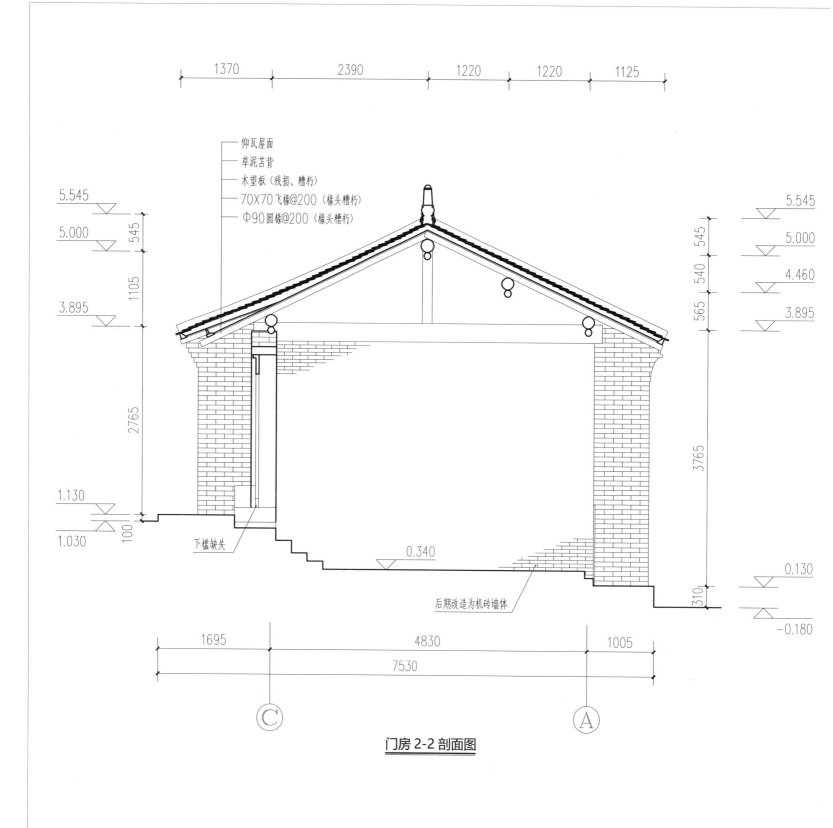

仰瓦屋面
草泥苫背
木望板（残损、糟朽）
70X70飞椽@200（椽头糟朽）
Φ90圆椽@200（椽头糟朽）

下槛缺失

后期改造为机砖墙体

1370 2390 1220 1220 1125

5.545
5.000
545
3.895
1105
2765
1.130
100
1.030

5.545
5.000
545
4.460
540
3.895
565
3765
0.130
310
−0.180

0.340

1695 4830 1005
7530

Ⓒ Ⓐ

门房 2-2 剖面图

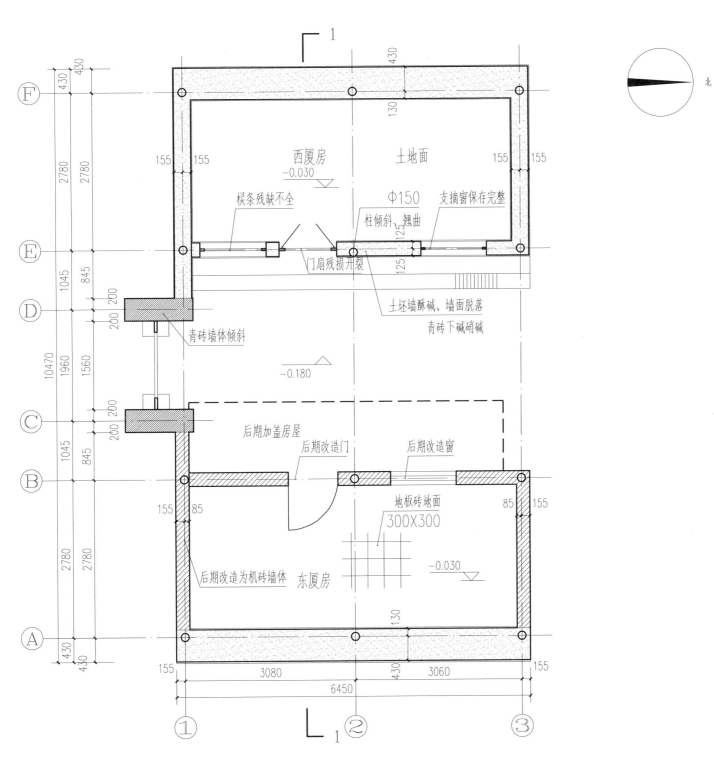

西厦房　土地面
-0.030

椽条残缺不全　Φ150　支摘窗保存完整
柱倾斜、翘曲
门扇残损开裂　125
125

土坯墙酥碱、墙面脱落
青砖下碱硝碱

青砖墙体倾斜

-0.180

后期加盖房屋
后期改造门　后期改造窗

地板砖地面
300X300
-0.030

后期改造为机砖墙体　东厦房

北

厦房平面图

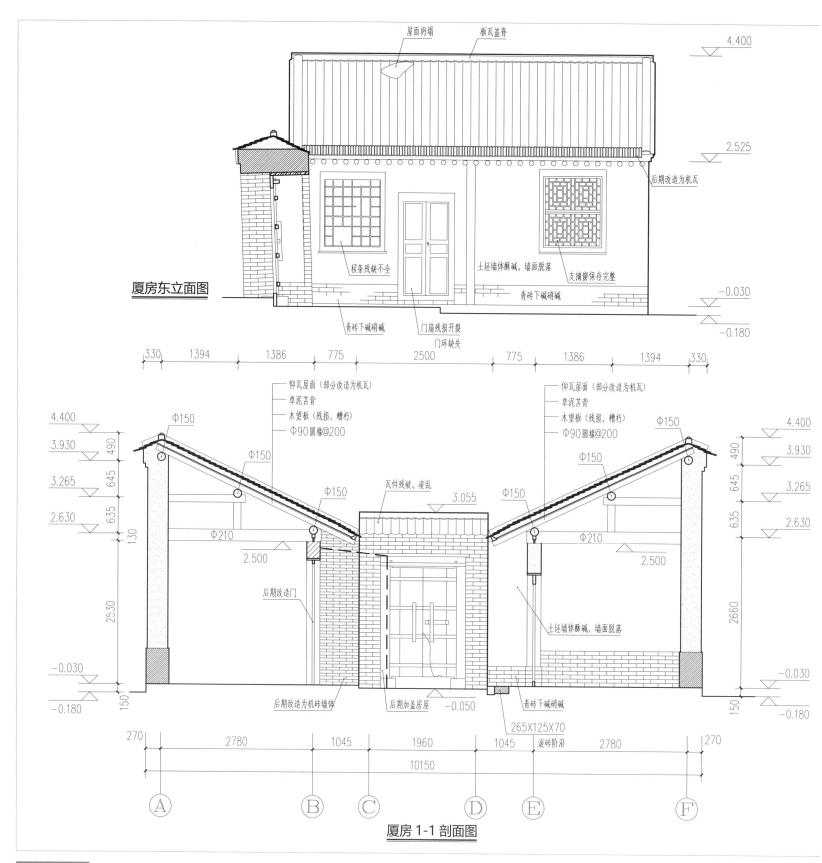

屋面坍塌　　板瓦盖脊

4.400

2.525

后期改造为机瓦

厦房东立面图

椽条残缺不全　　土坯墙体酥碱、墙面脱落　　支摘窗保存完整

青砖下碱硝碱

青砖下碱硝碱　　门扇残损开裂
门环缺失

-0.030
-0.180

330　1394　1386　775　2500　775　1386　1394　330

仰瓦屋面(部分改造为机瓦)
草泥苦背
木望板(残损、糟朽)
Φ90圆椽@200

仰瓦屋面(部分改造为机瓦)
草泥苦背
木望板(残损、糟朽)
Φ90圆椽@200

4.400
3.930
3.265
2.630

490
645
635

Φ150
Φ150
Φ150

Φ210

2.500

130

瓦件残破、凌乱

3.055

Φ150
Φ150
Φ150

Φ210

2.500

490
645
635

4.400
3.930
3.265
2.630

后期改造门

后期改造为机砖墙体

后期加盖房屋　　-0.050

土坯墙体酥碱、墙面脱落

青砖下碱硝碱

2530

2660

-0.030
-0.180

150

265X125X70
滚砖阶沿

-0.030
-0.180

150

270　2780　1045　1960　1045　2780　270

10150

Ⓐ　　Ⓑ　Ⓒ　　Ⓓ　Ⓔ　　Ⓕ

厦房1-1剖面图

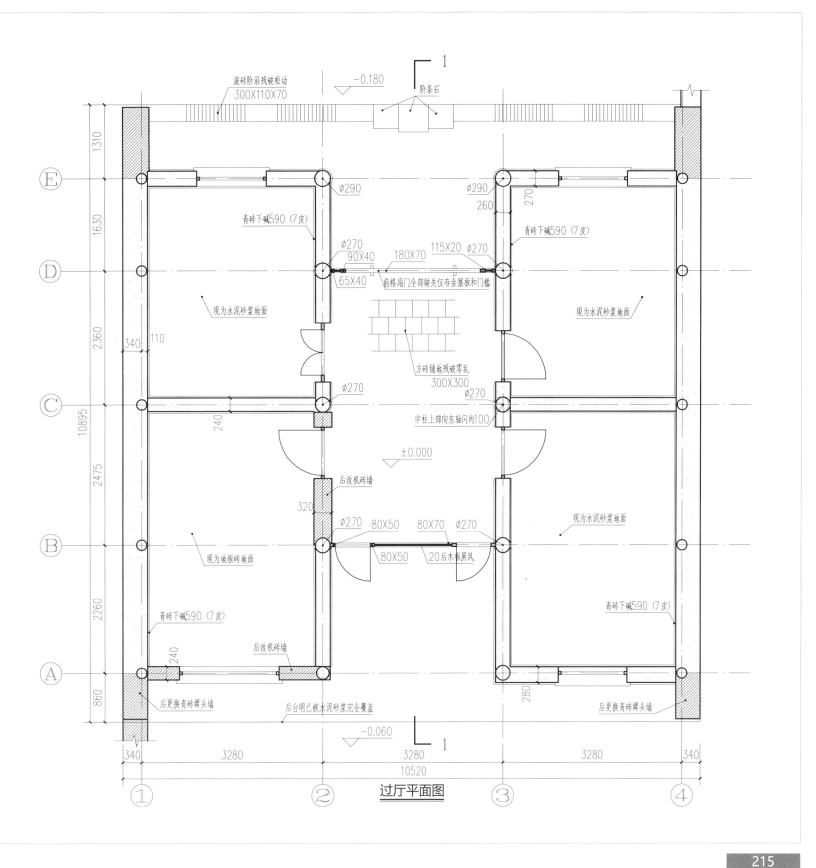

滚砖阶沿残破松动
300X110X70

阶条石

−0.180

青砖下碱590（7皮）

青砖下碱590（7皮）

Ø290

Ø290

260

270

Ø270
90X40

180X70

115X20 Ø270

65X40

前格扇门全部缺失仅存余塞板和门槛

现为水泥砂浆地面

现为水泥砂浆地面

方砖铺地残破零乱
300X300

Ø270

Ø270

中柱上部向东轴闪约100

±0.000

后改机砖墙

现为水泥砂浆地面

Ø270

80X50

80X70

Ø270

现为地板砖地面

80X50

20后木板屏风

青砖下碱590（7皮）

青砖下碱590（7皮）

后改机砖墙

后更换青砖撺头墙

后台明已被水泥砂浆完全覆盖

后更换青砖撺头墙

−0.060

过厅平面图

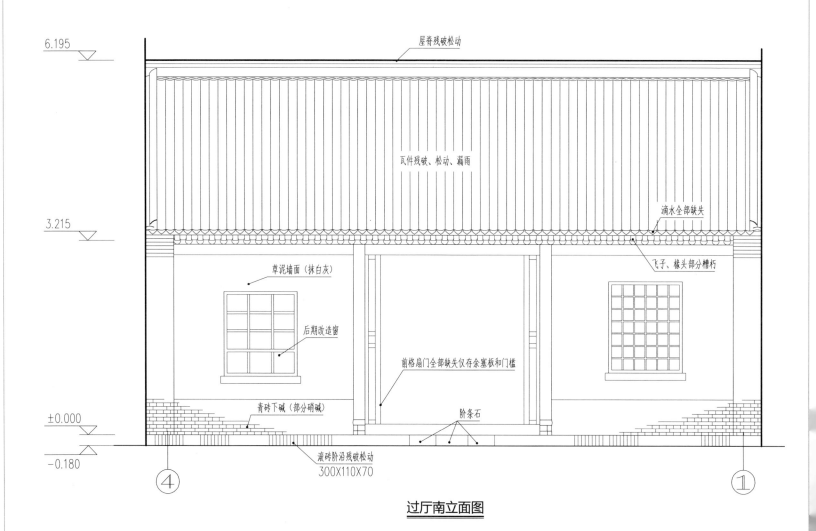

6.195

3.215

±0.000

−0.180

屋脊残破松动

瓦件残破、松动、漏雨

滴水全部缺失

草泥墙面（抹白灰）

后期改造窗

飞子、椽头部分糟朽

前格扇门全部缺失仅存余塞板和门槛

青砖下碱（部分硝碱）

阶条石

滚砖阶沿残破松动
300X110X70

④

①

过厅南立面图

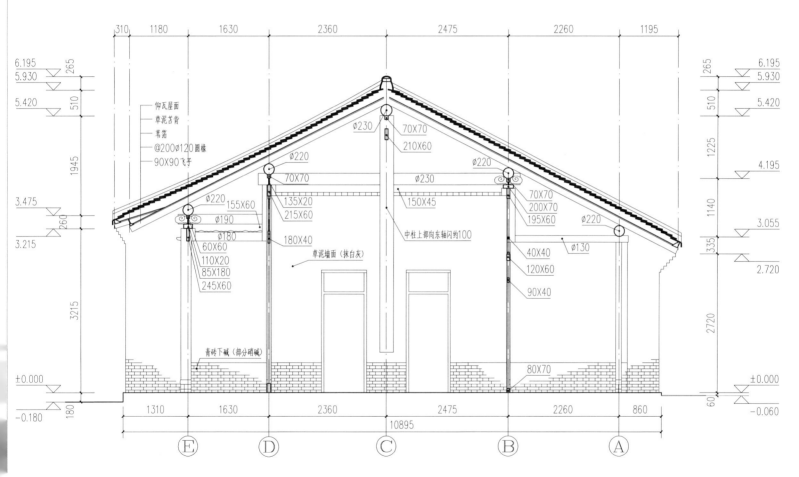

310　1180　1630　2360　2475　2260　1195

6.195
5.930
5.420
3.475
3.215
±0.000
−0.180

265
510
1945
260
3215
180

6.195
5.930
5.420
4.195
3.055
2.720
−0.060

265
510
1225
1140
335
2720
60

仰瓦屋面
草泥苫背
苇箔
@200ø120圆椽
90X90飞子

ø230　70X70
210X60

ø220
70X70
ø230
150X45

ø220
70X70
200X70
195X60

ø220
ø130

ø220　155X60
135X20
215X60

ø190
ø180
180X40
60X60
110X20
85X180
245X60

中柱上部向东轴闪约100

草泥墙面（抹白灰）

40X40
120X60
90X40

青砖下碱（部分硝碱）

80X70

1310　1630　2360　2475　2260　860

10895

Ⓔ　Ⓓ　Ⓒ　Ⓑ　Ⓐ

过厅 1-1 剖面图

孙蔚如（1896—1979），曾任国民党六届中央执行委员，陕西省主席，是杨虎城的两大心腹将领之一。西安事变后，冯钦哉随杨虎城出国，孙蔚如就成为陕军的主帅。他是抗战时的第四集团军司令，以坚守中条山出名，被称为"中条山铁柱子"，最后官至第六战区上将司令长官，获抗战青天白日勋章、美国二战金质自由勋章、首批抗战胜利勋章。

1949年初，孙蔚如留在上海，未随国民政府赴台湾。中华人民共和国建立之后，他历任陕西省副省长，中华人民共和国国防委员会委员，陕西省第一、二届各界人民代表会议协商委员会副主席，陕西省第一、四届政协副主席，民革中央常委，民革陕西省委第一、二、三届主任委员，第五届全国政协委员等职。

孙蔚如故居由西北、东南向布局的两组院落组成，占地约1500平方米。宅子分东西两院，西院建于清代，东院建于民国初。东院为砖木水泥结构，自南向北依次有前楼、传达室、警卫楼、后楼、东西厢房、后花园等，警卫楼辟有回廊及瞭望孔。西院为砖木结构四合院建筑，自北向南有门房、过厅、东西厢房、后厅。该民居现已成为西安市第二批文物保护单位。

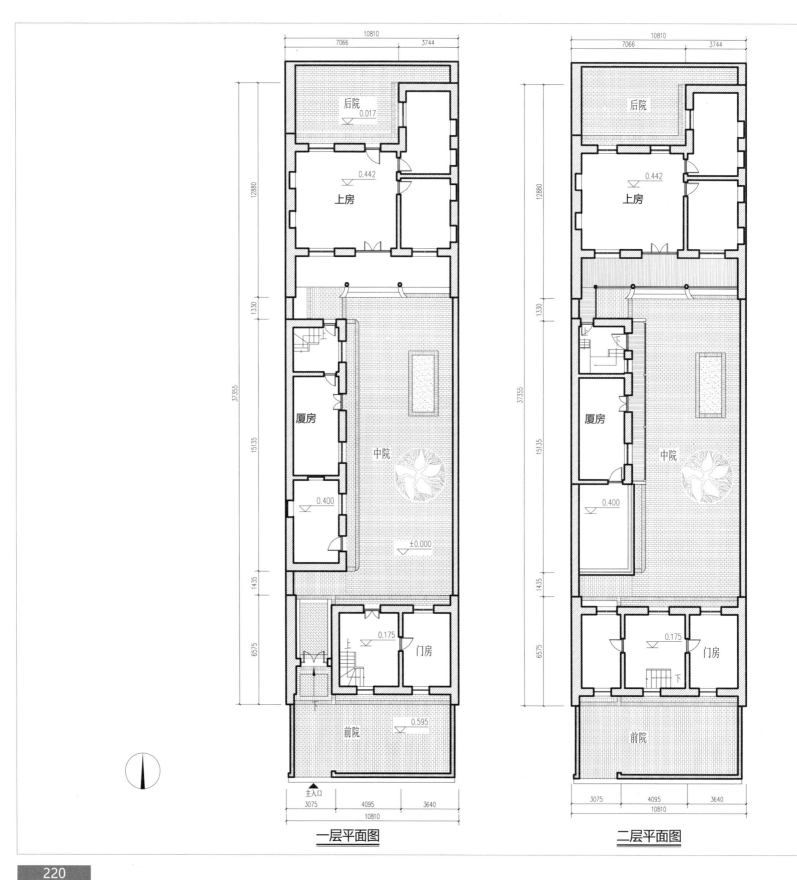

一层平面图

二层平面图

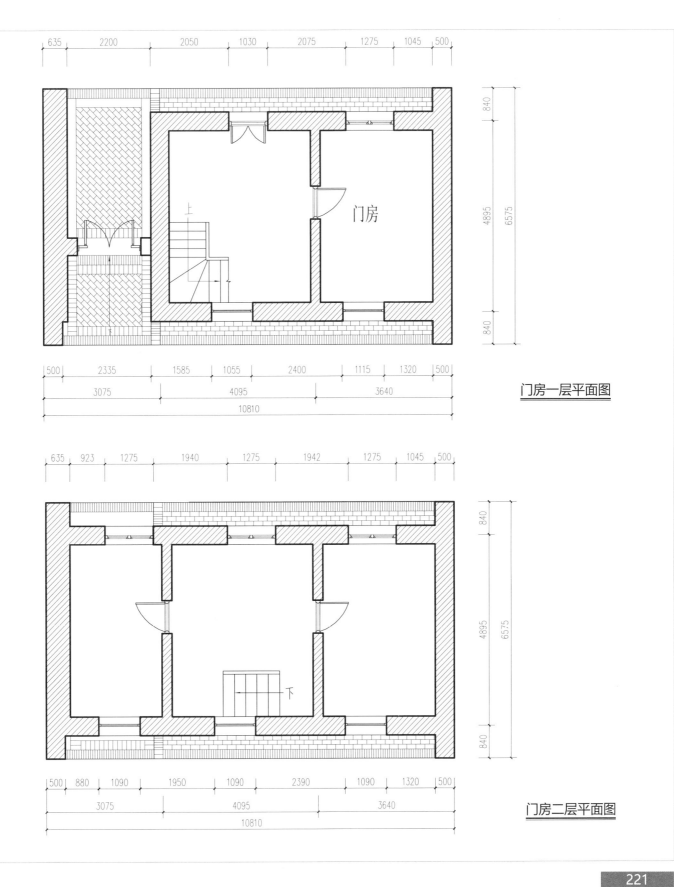

门房一层平面图

门房二层平面图

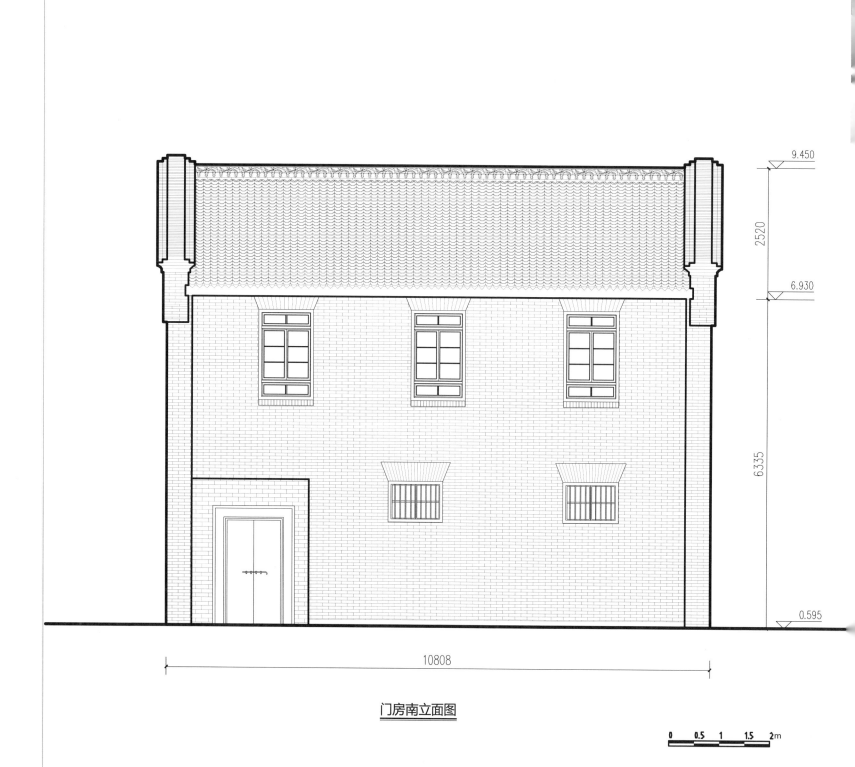

9.450

2520

6.930

6335

0.595

10808

门房南立面图

0 0.5 1 1.5 2m

9.450

2520

6.930

6930

±0.000

10808

门房北立面图

0   0.5   1   1.5   2m

223

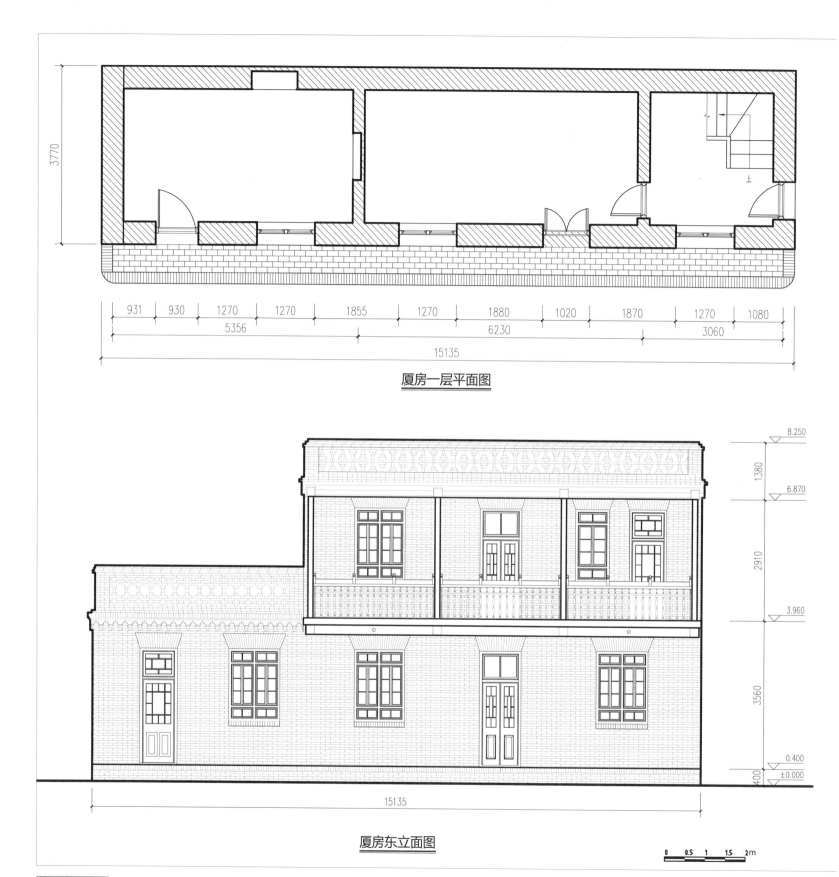

厦房一层平面图

厦房东立面图

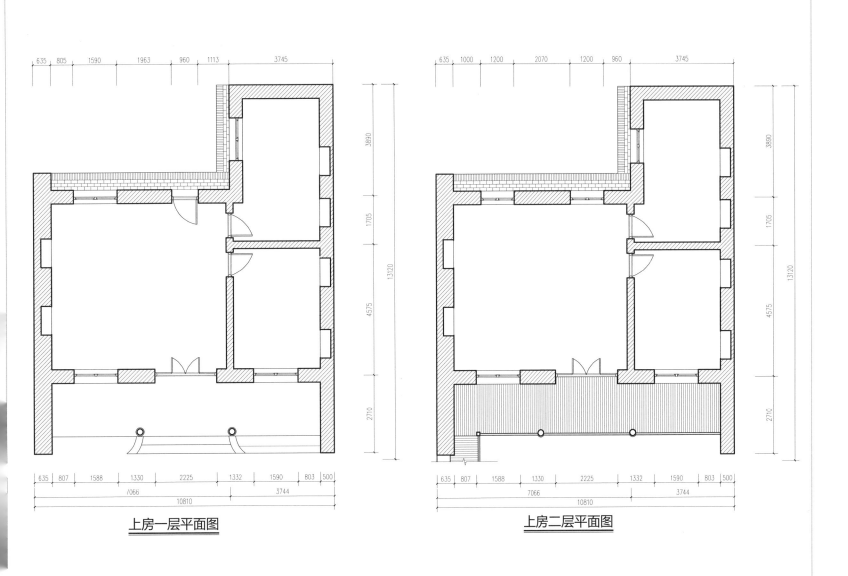

上房一层平面图　　　　　　　　　　　　　　上房二层平面图

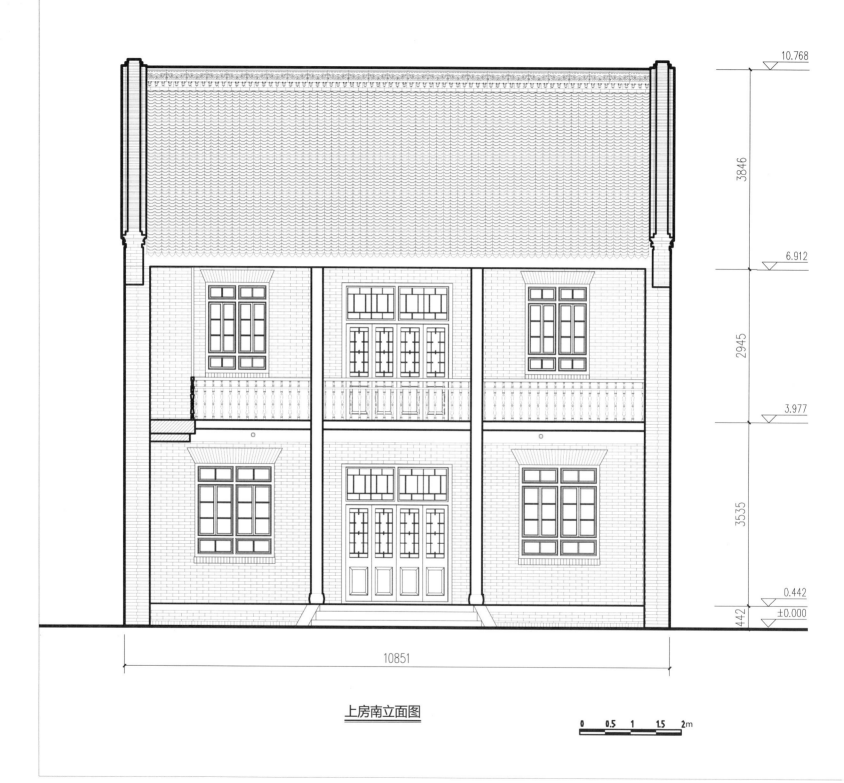

10.768

3846

6.912

2945

3.977

3535

0.442

442 ±0.000

10851

上房南立面图

0 0.5 1 1.5 2m

10.768

3846

6.912

2945

3.977

3535

0.442

±0.000

442

10851

上房北立面图

0 0.5 1 1.5 2m

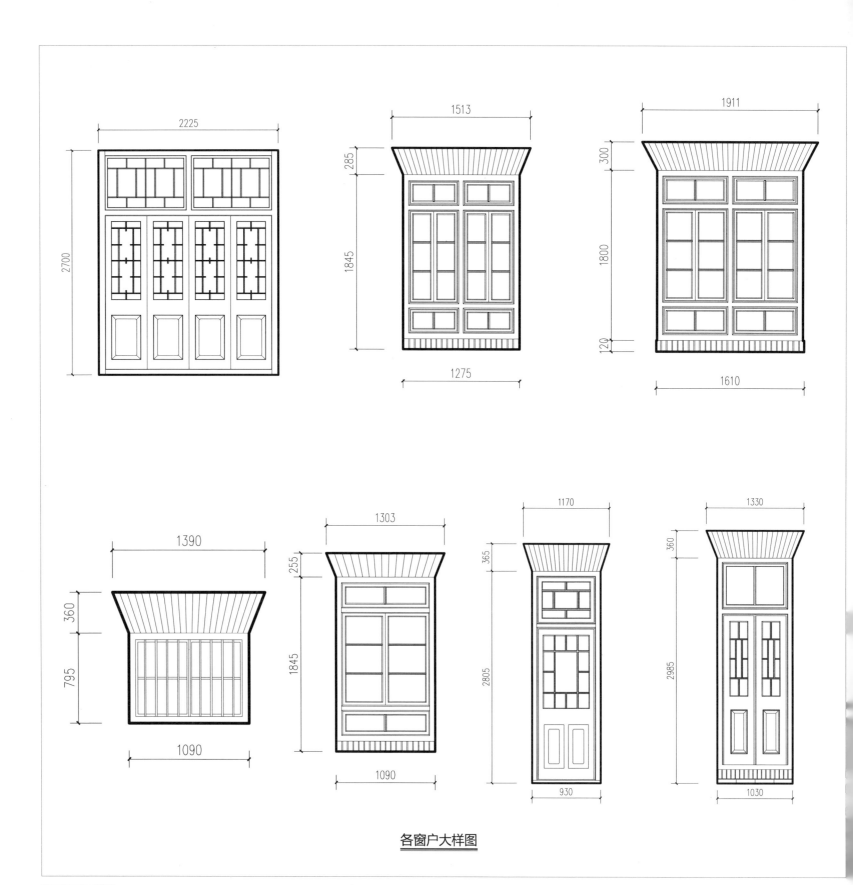

各窗户大样图

「车丈沟张百万故居」

"郭家的地，高家的房，张百万的银子拿斗量"，这是以前西安很多人都知道的民谣。这里说的张百万，是张家祖上张洪声的外号，张家以前主要是做生意的，"银子拿斗量"，意思是张家的银子多得要拿斗量。

最初起家是张洪声的父亲张步福当时在蓝田开木器厂，今天展现在世人面前的精美民居当初建造时所盖用的木料都是那时候攒下来的。

该故居建于清光绪年间，原来有南北两院子，结构与样式相同。80年代后，有过几次小修小补。现存南北两座院落，均有门房、南北厦房、上房、厅房各一座。

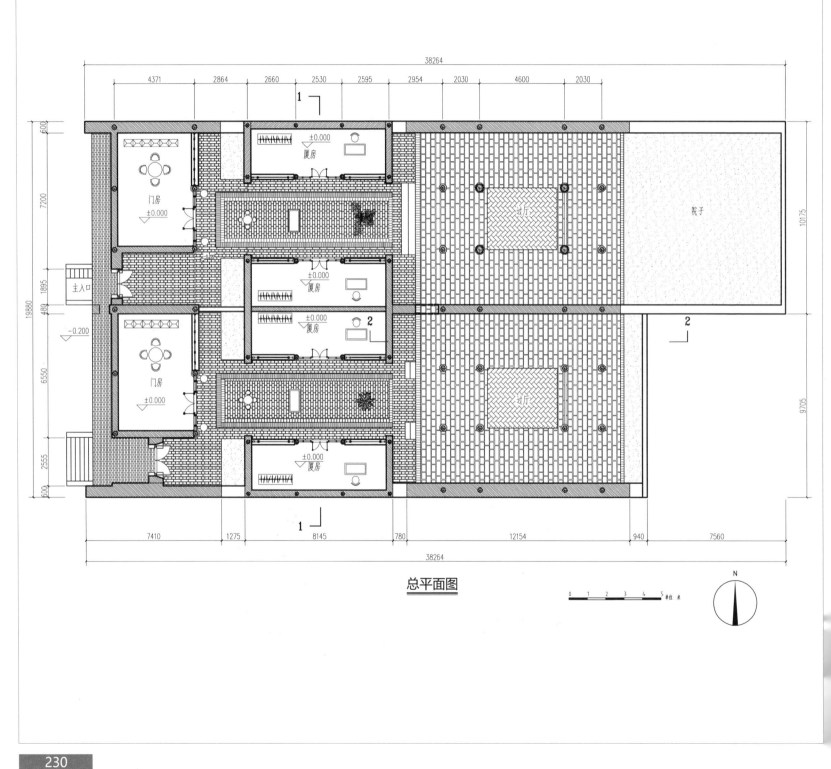

38264

| 4371 | 2864 | 2660 | 2530 | 2595 | 2954 | 2030 | 4600 | 2030 |

600

1

±0.000
厦房

门房
±0.000

7200

±0.000

院子

过厅

10175

19880

1895

主入口

480

±0.000
厦房

-0.200

±0.000
厦房

2

6550

门房
±0.000

过厅

-0.200

9705

2555

±0.000
厦房

600

| 7410 | 1275 | 8145 | 780 | 12154 | 940 | 7560 |

1

38264

总平面图

0 1 2 3 4 5 单位 米

N

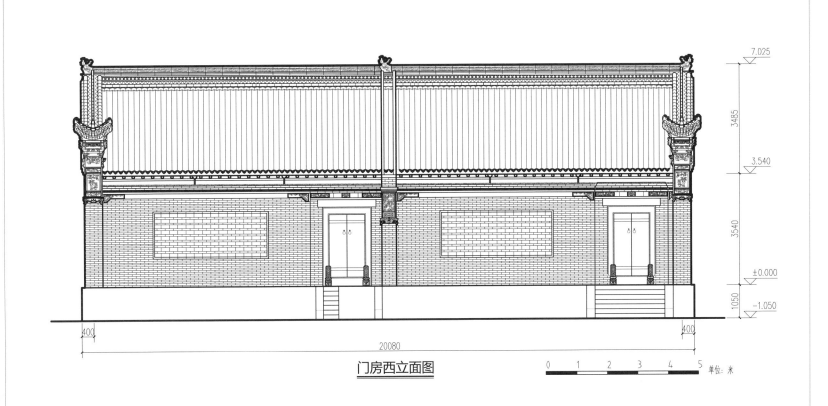

7.025

3485

3.540

3540

±0.000

1050

−1.050

400

400

20080

门房西立面图

0　1　2　3　4　5　单位: 米

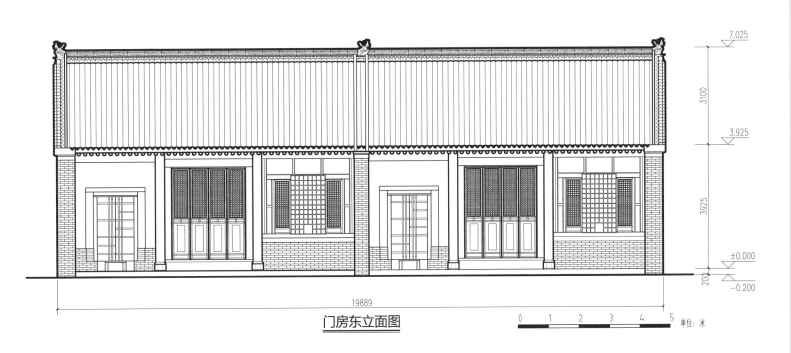

7.025

3100

3.925

3925

±0.000

200

−0.200

19889

门房东立面图

0　1　2　3　4　5　单位: 米

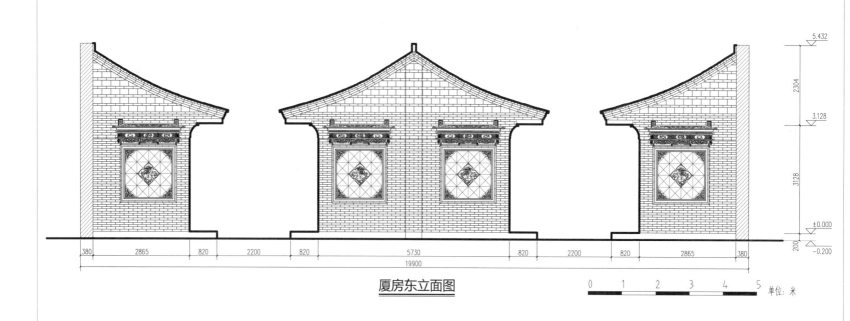

厦房东立面图

0　1　2　3　4　5　单位：米

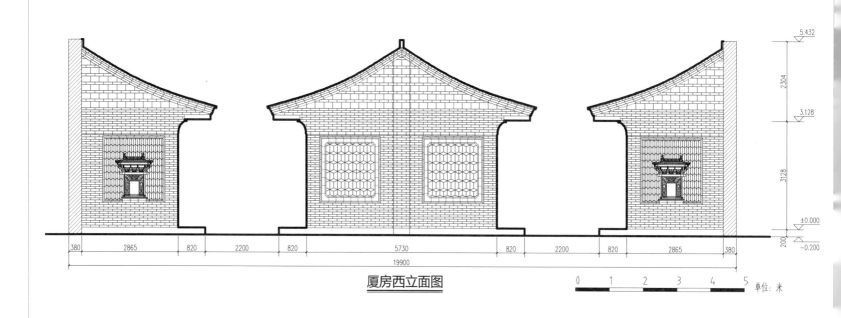

厦房西立面图

0　1　2　3　4　5　单位：米

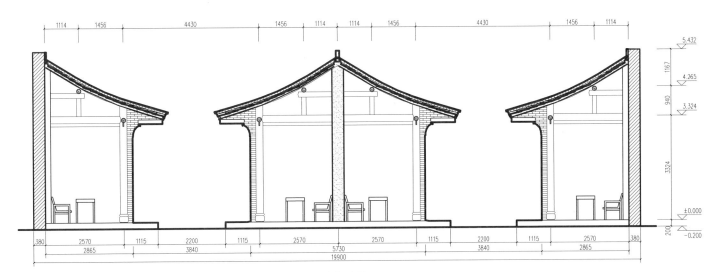

1-1 剖面图

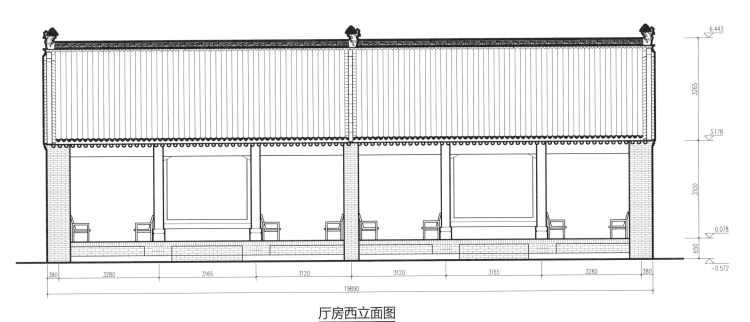

厅房西立面图

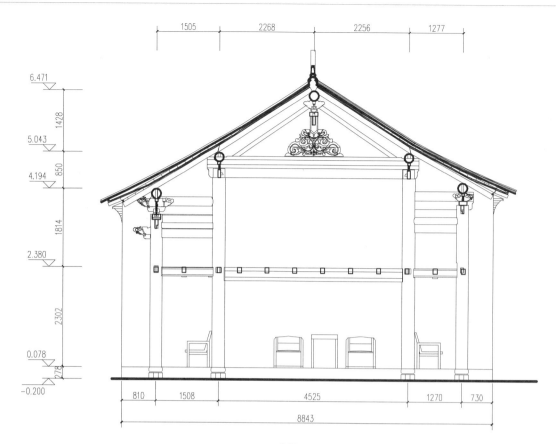

2-2 剖面图

厦房立面图

580

1180

1270

2750

马头墙大样图

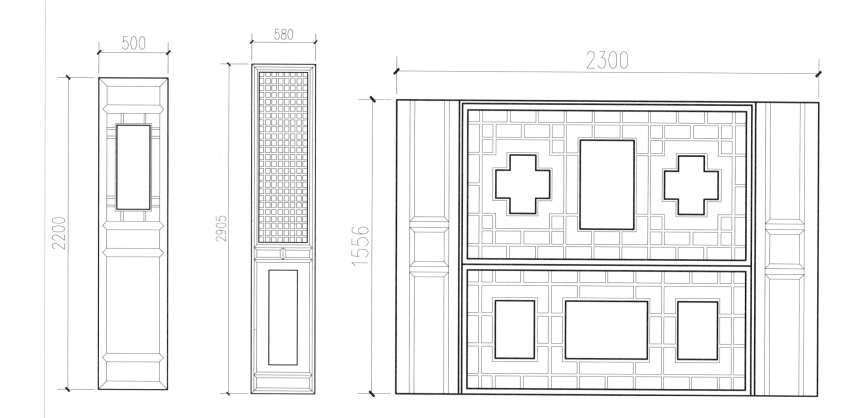

门窗大样图

500

580

2300

2200

2905

1556

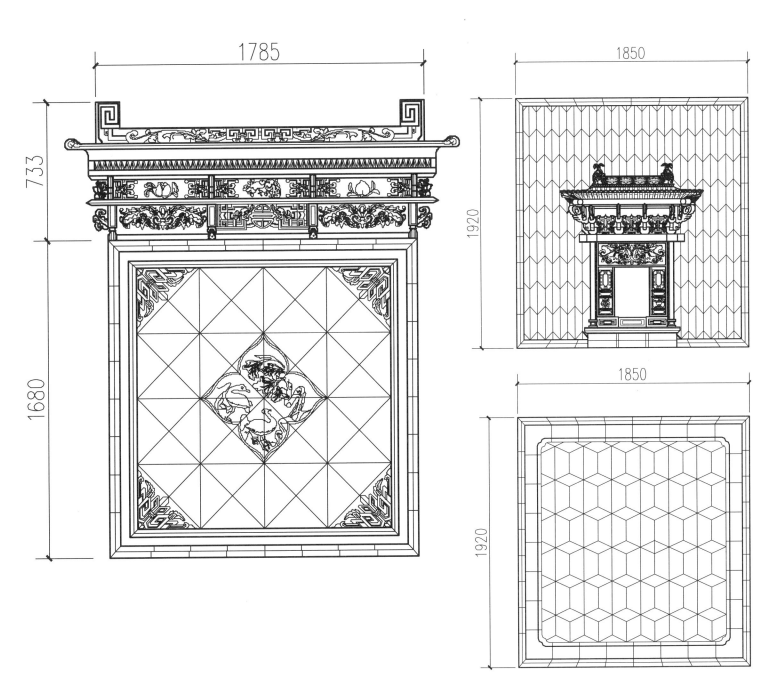

1785

733

1680

1850

1920

1850

1920

影壁大样图

『张坡村祠堂』

　　该祠堂整体格局尚存，但建筑单体仅存上房，民国时期建造，土木混合结构，墙体采用大量土坯砖块砌筑。

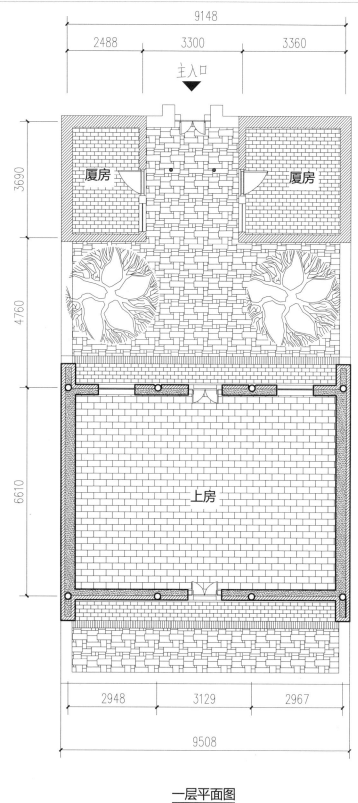

9148

2488　3300　3360

主入口

厦房　厦房

3690

4760

上房

6610

2948　3129　2967

9508

一层平面图

0　0.5　1　1.5　2m

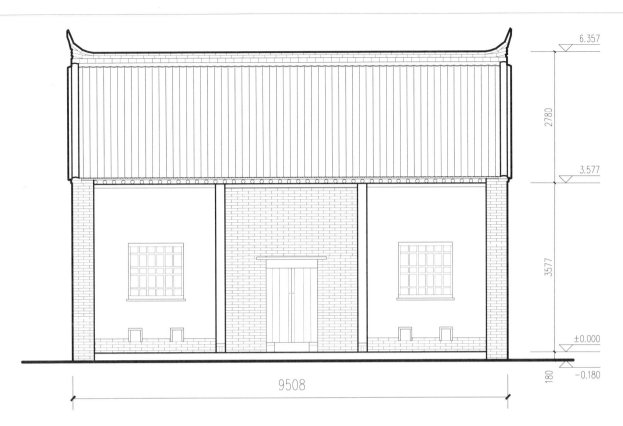

上房南立面图

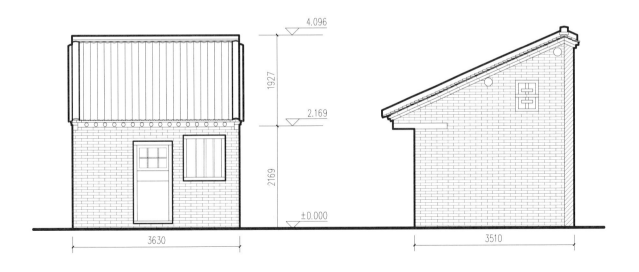

厦房东立面图　　　　　　　　厦房北立面图

该宅整体格局完整，前后共两进院落，两院之间有一个砖砌二道门，门上双坡瓦屋面。第二进院两侧厦房二层檐廊悬挑，在西安民居中较为罕见。上房一层土坯撞墙砌筑，二层木柱、木板壁裸露。门窗扇均有木雕纹饰。

该宅已无人居住。

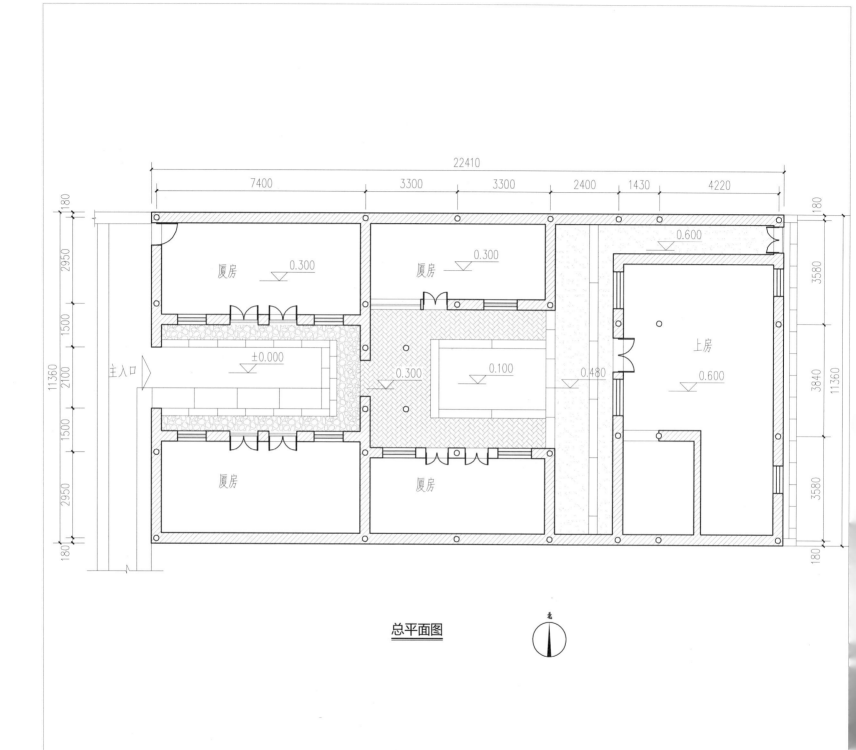

22410

7400　　3300　　3300　　2400　1430　　4220

180

2950

1500

2100

1500

2950

180

11360

厦房　　▽ 0.300

厦房　　▽ 0.300

0.600

主入口

±0.000

0.300　　▽ 0.100

0.480

上房

▽ 0.600

厦房

厦房

180

3580

3840

3580

180

11360

总平面图

北

前院北厦房南立面图

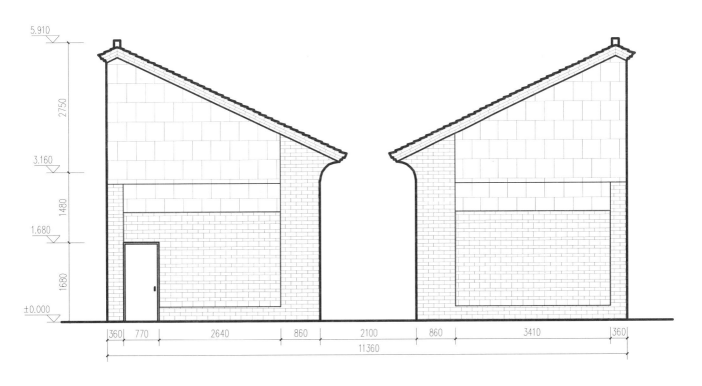

前院北厦房西立面图

后院北厦房南立面图　　　　　　　　　　　　后院南厦房北立面图

此墙面已坍塌

上房正立面图

仿古民居建筑施工常用构造做法图

建筑用料及工程做法

构造详图

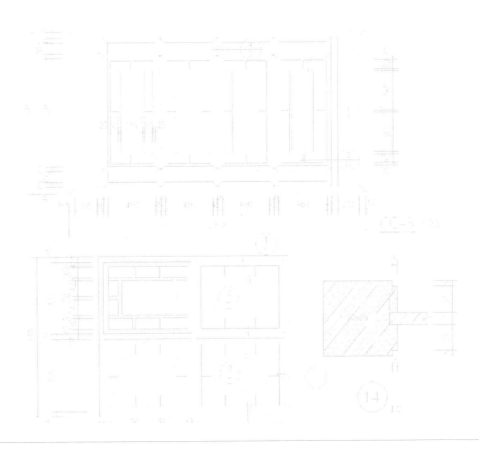

类别	名称	编号	做法
墙身防潮层	防水砂浆	潮 1	1:3 水泥砂浆加水重 5% 的防水剂，做在 ±0.000 下一皮砖处
外墙面	清水砖墙	外墙 1	1. 特制青砖磨砖对缝，青砖规格磨成后与标准砖相同
			2. 青灰勾缝，缝不大于 3.（色调深浅作式样定）
	清水砖墙	外墙 2	1. 普通青砖不小于 50#，砂浆砌筑
			2. 青灰勾缝，缝不大于 10.（色调深浅作式样定）
	水泥砂浆墙面	外墙 3	1. 丙烯酸涂料罩面（加色）作色板后确定
			2. 6 厚 1:2.5 水泥砂浆压光抹平
			3. 6 厚 1:2.5 水泥砂浆压光抹平
			4. 14 厚 1:3 水泥砂浆打底扫毛或划出纹道
			5. 素水砂浆结合层一道
台阶	水泥台阶	台 1	1. 60 厚 150# 混凝土随打随抹，上撒 1:1 水泥沙子压实赶光台阶面向外坡 1%
			2. 300 厚 3:7 灰土（分层夯实）
			3. 素土夯实
	青石台阶	台 2	1. 铺砌青石（规格由具体工程确定），1:2 水泥砂浆勾缝，缝宽 5
			2. 30 厚 1:4 干硬性水泥砂浆结合层
			3. 100 厚 150# 混凝土.台阶面向外坡 1%
			4. 300 厚 3:7 灰土（分层夯实）
			5. 素土夯实
			6. 台阶横向两端 25# 砂浆，砌筑 240 厚地龙墙，横向总长度大于 3 米时，每隔 3 米加一道 240 厚地龙墙。地龙墙埋深在 -0.800 以下，基础垫层 600 宽 300 高 3:7 灰土或 100# 混凝土
散水	混凝土散水	散 1	1. 60 厚 150# 混凝土，撒 1:1 水泥沙子压实赶光，向外坡 4%
			2. 150 厚 3:7 灰土
			3. 素土夯实　　备注：（1）每开间分块筑打，长度<12 米 （2）沥青砂子填缝，靠墙缝 10 分格缝 20 （3）宽度详见具体工程
散水	水泥小豆石勒脚	勒 1	1. 12 厚 1:1.25 水泥小豆石罩面（粒径 5~8），高度 600
			2. 刷素水泥浆一道，内掺水重 3%~5% 的 107 胶
			3. 18 厚 1:3 水泥砂浆打底扫毛或划出纹道
	水泥砂浆勒脚	勒 2	1. 10 厚 1:2.5 水泥砂浆罩面，勒脚高 600
			2. 10 厚 1:3 水泥砂浆打底扫毛或划出纹道
地面	铺地方砖地面	地 1	1. 360x360x80,75# 青云砖，1:2.5 水泥砂浆勾缝，包边用青石条，规格见具体设计
			2. 30 厚 1:4 干硬性水泥砂浆
			3. 80 厚 150# 混凝土
			4. 150 厚 3:7 灰土
			5. 素土夯实

建
筑
用
料
及
工
程
做
法

名称	建筑用料及工程做法	图 号
		1

类　别	名　　称	编号	做　　　　　法
地面	水泥地面	地 2	1. 20厚 1:2.5 水泥砂浆压实赶光
			2. 素水泥浆结合层一道
			3. 80厚50#混凝土
			4. 150厚 3:7 灰土
			5. 素土夯实
	水泥地面 （用于卫生间）	地 3	1. 20厚 1:2.5 水泥砂浆抹面压实赶光
			2. 素水泥浆结合层一道
			3. 80厚（最高处）1:2:4 从门口向地漏找泛水，最低处≤50
			4. 300厚 3:7 灰土（分层夯实）
			5. 素土夯实
	水磨石地面	地 4	1. 10厚 1:2.5 青水泥白石子磨石地面（水泥石子颜色、粒径及地面分格由具体工程确定）
			2. 素水泥浆结合层一道
			3. 20 厚 1:3 水泥砂浆找平层，干后卧砌玻璃条分格
			4. 60 厚150#素混凝土
			5. 150厚 3:7 灰土
			6. 素土夯实
	水磨石地面 （用于卫生间）	地 5	1. 10厚 1:2.5 水磨石地面（水泥石子颜色、粒径及地面分格由具体工程确定）
			2. 素水泥浆结合层一道
			3. 20 厚 1:3 水泥砂浆找平层
			4. 80 厚（最高处）1:2:4 细石混凝土从门口向地漏找泛水，最低处不小于 50 厚
			5. 300厚 3:7 灰土，分层夯实
			6. 素土夯实
	缸砖地面	地 6	1. 10厚铺地缸砖铺实整平，水泥擦缝
			2. 撒素水泥面
			3. 20 厚 1:4 干硬性水泥砂浆找平层
			4. 素水泥浆结合层一道
			5. 60 厚150#素混凝土
			6. 150厚 3:7 灰土（分层夯实）
			7. 素土夯实
楼面	水泥楼面	楼 1	1. 25厚 1:2.5 水泥砂浆压实赶光
			2. 素水泥浆结合层一道
			3. 预制钢筋混凝土空心板，灌缝抹平

建筑用料及工程做法

名称	建筑用料及工程做法	图 号
		2

类 别	名 称	编号	做 法
楼 面	水泥楼面 （用于卫生间）	楼 2	1,2 同楼 1
			3. 50 厚（最高处）1:2:4 干硬性细石混凝土从门口向地漏找泛水，最低处不小于 30 厚
			4 现浇钢筋混凝土楼板
	水磨石楼面	楼 3	1. 10 厚 1:2.5 水泥磨石楼面
			2. 素水泥浆结合层一道
			3. 15 厚 1:3 水泥砂浆找平层，干后卧砌玻璃分格条
			4. 素水泥浆结合层一道
			5. 预制钢筋混凝土空心板，灌缝抹平
	水磨石楼面 （用于卫生间）	楼 4	1,2,3 同楼 3
			4. 50 厚（最高处）1:2:4 干硬性细石混凝土从门口向地漏找泛水最低处不小于 30
			5. 现浇钢筋混凝土楼板
踢脚	水泥踢脚 （120 高）	踢 1	1. 10 厚 1:2.5 水泥砂浆罩面压实赶光
			2. 12 厚 1:3 水泥砂浆打底扫毛或划出纹道
			3. 刷素水泥浆一道，内掺水重3%~5%的107胶
	水磨石踢脚 （120 高）	踢 2	1. 8 厚 1:1.25 水磨石罩面
			2. 刷素水泥浆一道，内掺水重3%~5%的107胶
			3. 12 厚 1:3 水泥砂浆打底扫毛或划出纹道
			4. 刷素水泥浆一道，内掺水重3%~5%的107胶
墙裙	油漆墙裙 （1200 高）	裙 1	1. 调和漆二遍（色彩在具体项目中注明）
			2. 刷底油
			3. 刮腻子三遍
			4. 5 厚 1:2.5 水泥砂浆压实赶光
			5. 11 厚 1:3 水泥砂浆打底扫毛或划出纹道
			6. 素土夯实
	乳胶漆墙裙 （1200 高）	裙 2	1. 刷乳胶漆二道（色彩在具体项目中注明）
			2. 内墙做法（用于内墙2）
	瓷板墙裙 （1800 高）	裙 3	1. 贴 150x150x6 白瓷砖，白水泥擦缝
			2. 12厚 1:0.2:2 水泥石灰膏砂浆结合层，内掺水重3%~5%的107胶
			3. 刷素水泥浆一道，内掺水重3%~5%的107胶
			4. 10 厚 1:3 水泥砂浆打底扫毛或划出纹道
内墙	抹灰墙面	内墙1	1. 刷106涂料（白色）二道
			2. 2 厚纸筋灰罩面
			3. 8 厚 1:3 石灰膏砂浆
			4. 10厚 1:3 石灰膏砂浆打底

建 筑 用 料 及 工 程 做 法

名称	建筑用料及工程做法	图 号
		3

类 别	名 称	编号	做 法
内墙	水泥砂浆墙面	内墙2	1. 刷106涂料（白色）二道
			2. 5厚 1:2.5水泥砂浆压实罩面赶光
			3. 13厚 1:3 水泥砂浆打底扫毛或划出纹道
			4. 混凝土墙加刷水泥浆一道，内掺水重3%~5%的107胶
内墙	贴壁纸墙面	内墙3	1. 贴壁纸，在纸卷面和墙面上均刷胶，胶的配比为107胶：纤维素＝ 1:0.3，（纤维素水溶液浓度为4%）并稍加水. 色彩及图案在具体工程中注明.
			2. 刷一道107胶水溶液，配比：107胶：水＝3:7
			3. 刮腻子一道
			4. 5厚 1:0.3:2.5水泥石灰膏砂浆罩面压光
			5. 13厚 1:0.3:3 水泥石灰膏砂浆打底扫毛或划出纹道
	水泥砂浆墙面	外墙3	1. 丙烯酸涂料罩面（加色）作色板后确定
			2. 6厚 1:2.5 水泥砂浆压光抹平
			3. 6厚 1:2.5 水泥砂浆压光抹平
			4. 14厚 1:3 水泥砂浆打底扫毛或划出纹道
			5. 素水砂浆结合层一道
顶棚	板底抹灰顶棚	棚1	1. 刷106涂料（白色）二道
			2. 2厚纸筋灰罩面
			3. 6厚 1:3:9 水泥石灰膏砂浆打底
			4. 刷素水泥浆一道，内掺水重3%~5%的107胶
			5. 钢筋混凝土预制板底用水加10%火碱清洗油腻
	板底抹水泥砂浆顶棚	棚2	1. 刷106涂料（白色）二道
			2. 5厚 1:2.5水泥砂浆罩面
			3. 5厚 1:3水泥砂浆打底扫毛或划出纹道
			4. 刷素水泥浆结合层一道，内掺水重3%~5%的107胶
			5. 钢筋混凝土预制板底用水加10%火碱清洗油腻
油漆	木材面油漆	油1	1. 无光漆三道（赭红色，色调作样后定）
			2. 底油一道
			3. 木构件表面刮平，打磨光净
	木材面油漆	油2	1. 清漆二道
			2. 刷油色（色彩由具体工程定）
			3. 刷底油一道
			4. 木构件表面刮平，打磨光净
	金属面油漆	油3	1. 无光漆三道（赭红色，色调作样后定）
			2. 找腻子刮平
			3. 防锈漆一道

建筑用料及工程做法

名称	建筑用料及工程做法	图 号
		4

251

类别	名 称	编号	做 法
	金属面油漆	油 4	1. 调和漆二道（色调由具体项目定）
			2. 找腻子刮平
			3. 防锈漆一道
	金属面油漆	油 5	1. 银粉漆二道（用于露明金属管道）
			2. 铅油二道
屋 面	筒板瓦屋面（木基层）	屋 1	1. 青筒瓦青灰捉节，沿口旋猫头（勾头）
			2. 青板瓦压六露四，柴泥座瓦，最小厚度30，沿口旋滴水
			3. 1:8青灰脊褂线找曲线
			4. 20厚白灰膏护板灰
			5. 25厚木望板
			6. 檩条，椽条
	板瓦屋面（木基层）	屋 2	1. 青板瓦压六露四，柴泥座瓦，最小厚度，沿口旋滴水
			2. 1:8青灰脊褂线找曲线
			3. 20厚白灰膏护板灰，上刷沥青
			4. 20厚木望板
			5. 檩条，椽条，详结构图
	筒板瓦屋面	屋 3	1. 青筒瓦青灰捉节，沿口旋勾头
			2. 青板瓦搭露各半，25号混合砂浆座瓦，最小厚度30，沿口旋滴水
			3. 80厚1:8白灰炉渣苫背，找囊势
			4. 钢筋混凝土预制板上粉25厚1:2.5水泥砂浆，内和5%防水剂
	筒板瓦屋面	屋 4	1. 青筒瓦青灰捉节，沿口旋勾头
			2. 青板瓦搭露各半，25号混合砂浆座瓦，最小厚度30，沿口旋滴水
			3. 80厚1:8白灰炉渣苫背，找囊势
			4. 现浇钢筋混凝土屋面板内加5%防水剂提浆抹光
	板瓦屋面	屋 5	1. 青板瓦搭露各半，25号混合砂浆座瓦，最小厚度30，沿口旋滴水
			2. 80厚1:8白灰炉渣苫背，找囊势
			3. 现浇钢筋混凝土屋面板内加5%防水剂提浆抹光
	水泥砖屋面	屋 6	1. 25厚粗砂铺卧200x200x25水泥砖，描了宽砖缝，用砂填满扫净
			2. 二毡三油防水层
			3. 20厚1:2.5水泥砂浆找平层
			4. 120厚水泥膨胀珍珠板（r≤600 kg/m^3）
			5. 1:6水泥焦渣找2%坡度，最薄处30厚，振捣密实，表面抹光
			6. 钢筋混凝土屋面板

名称	建筑用料及工程做法	图 号
		5

建筑用料及工程做法

类 别	名 称	编 号	做 法
屋 面	卷材屋面	屋 7	1. 二毡三油上撒砾砂
			2. 20厚 1:2.5水泥砂浆抹光上刷冷底子油
			3. 120厚水泥膨胀珍珠岩板（γ≤600 kg/m^3）
			4. 1:6 水泥焦渣找2%坡度，最薄处30厚
			5. 钢筋混凝土预制板

建筑设计总说明

1. 建筑 ±0.000 相对于绝对标高由施工时现场定
2. 建筑耐久年限：永久
3. 建筑规模：小型
4. 建筑耐火等级：Ⅱ级
5. 建筑层高，面积：详见单体
6. 建筑物抗震设防烈度：八度
7. 未注明之砖墙厚为240，未注明之大头角为130
8. 图中未交代清楚之部分，请施工单位与设计者协商解决
9. 木作部分榫卯构造交代不详之处，请木工师傅酌情处理

建筑用料及工程做法

名称	建筑用料及工程做法	图 号
		6

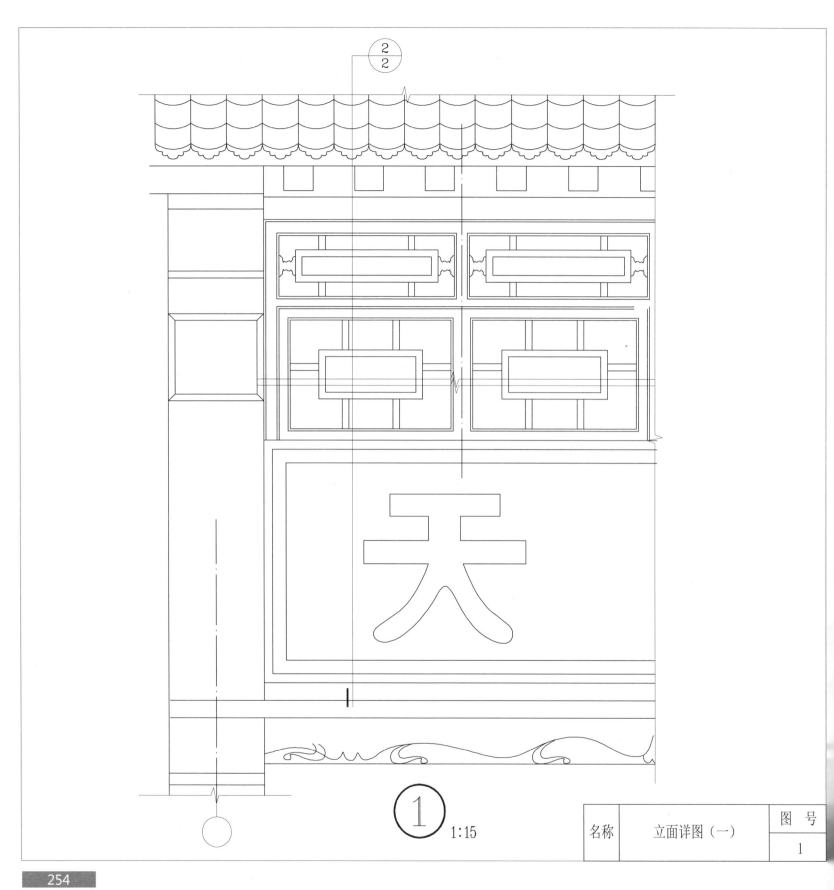

① 1:15

名称	立面详图 (一)	图 号
		1

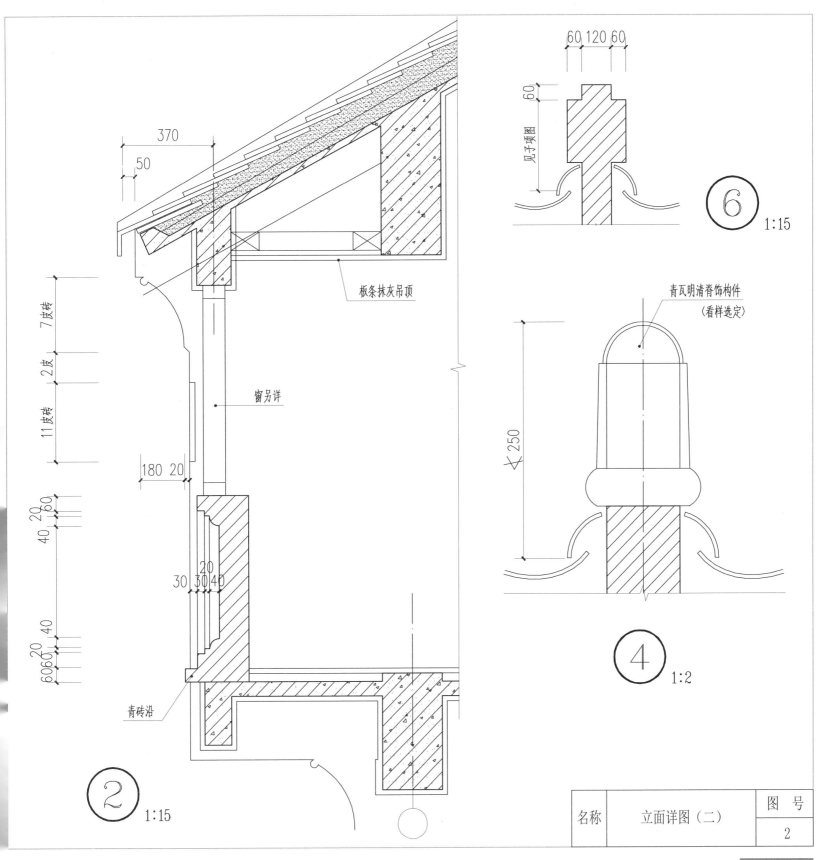

370

50

7皮砖

2皮

11皮砖

180 20

60 20

40

30 30 40

20

60 60 20

40

青砖沿

板条抹灰吊顶

窗另详

② 1:15

60 120 60

60

见子项图

⑥ 1:15

青瓦明清脊饰构件
（看样选定）

≮ 250

④ 1:2

名称	立面详图（二）	图 号
		2

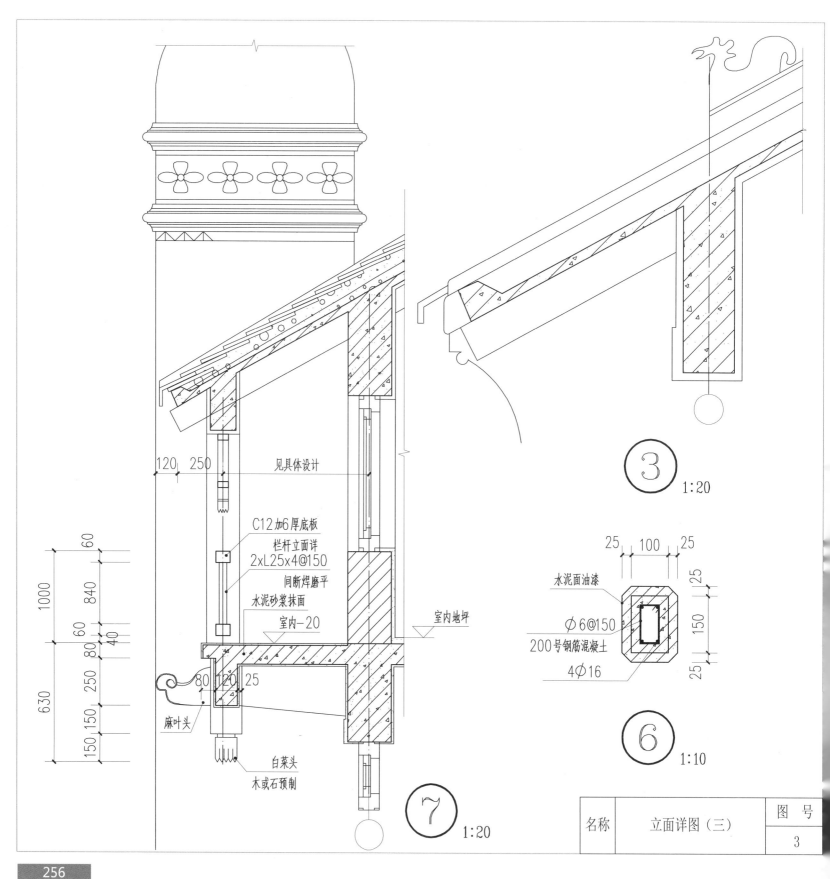

见具体设计

C12加6厚底板

栏杆立面详
2×L25x4@150

间断焊磨平

水泥砂浆抹面

室内-20

室内地坪

麻叶头

白菜头
木或石预制

120 | 250

60

1000

840

60

40

80

630

250

150 | 150

80 | 120 | 25

③ 1:20

25 | 100 | 25

水泥面油漆

Φ6@150

200号钢筋混凝土

4Φ16

25

150

25

⑥ 1:10

⑦ 1:20

名称	立面详图（三）	图 号
		3

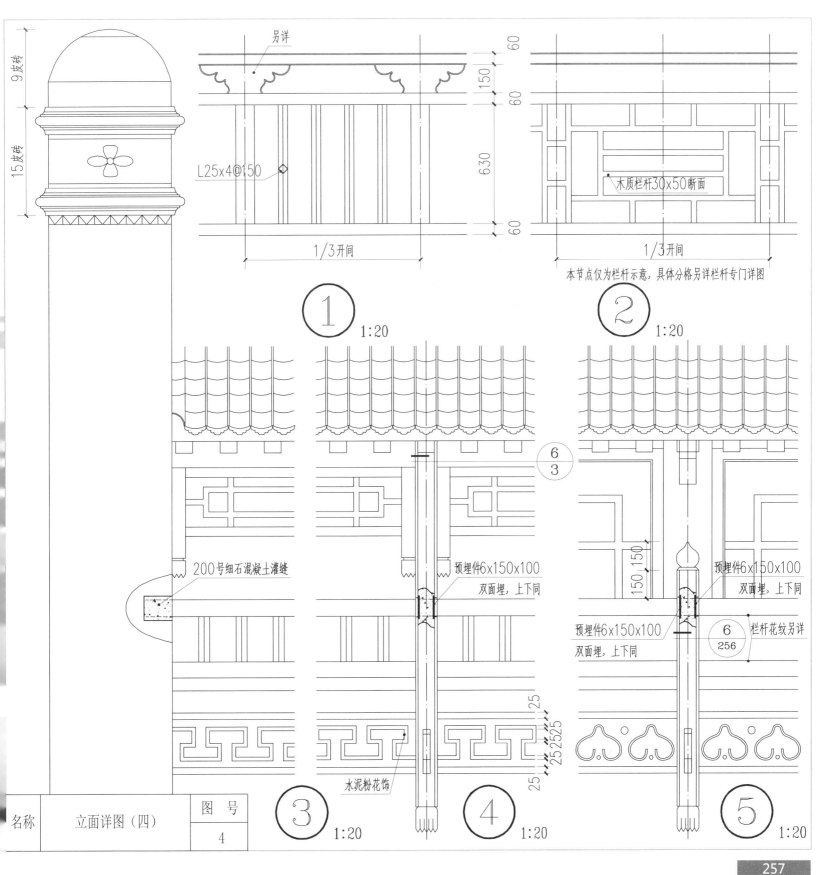

另详

L25x4@150

60
150
60
630
60

1/3开间

木质栏杆30x50断面

1/3开间

本节点仅为栏杆示意,具体分格另详栏杆专门详图

① 1:20

② 1:20

200号细石混凝土灌缝

预埋件6x150x100
双面埋,上下同

6
3

150 150

预埋件6x150x100
双面埋,上下同

预埋件6x150x100
双面埋,上下同

6
256

栏杆花纹另详

25
25 25
25

水泥粉花饰

③ 1:20

④ 1:20

⑤ 1:20

9皮砖

15皮砖

名称	立面详图(四)	图 号
		4

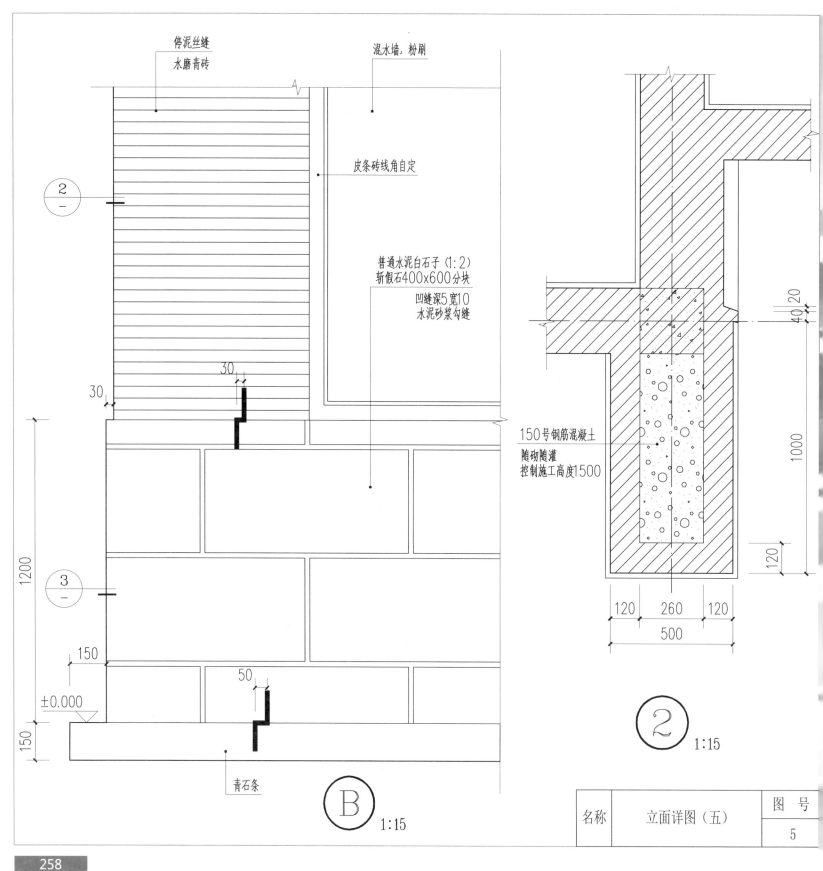

停泥丝缝
水磨青砖

混水墙，粉刷

皮条砖线角自定

普通水泥白石子（1:2）
斩假石400x600分块

凹缝深5宽10
水泥砂浆勾缝

2 —

150号钢筋混凝土

随砌随灌
控制施工高度1500

30

30

3 —

1200

150

50

±0.000

150

青石条

B
1:15

2
1:15

40 20

1000

120

120   260   120

500

名称	立面详图（五）	图 号
		5

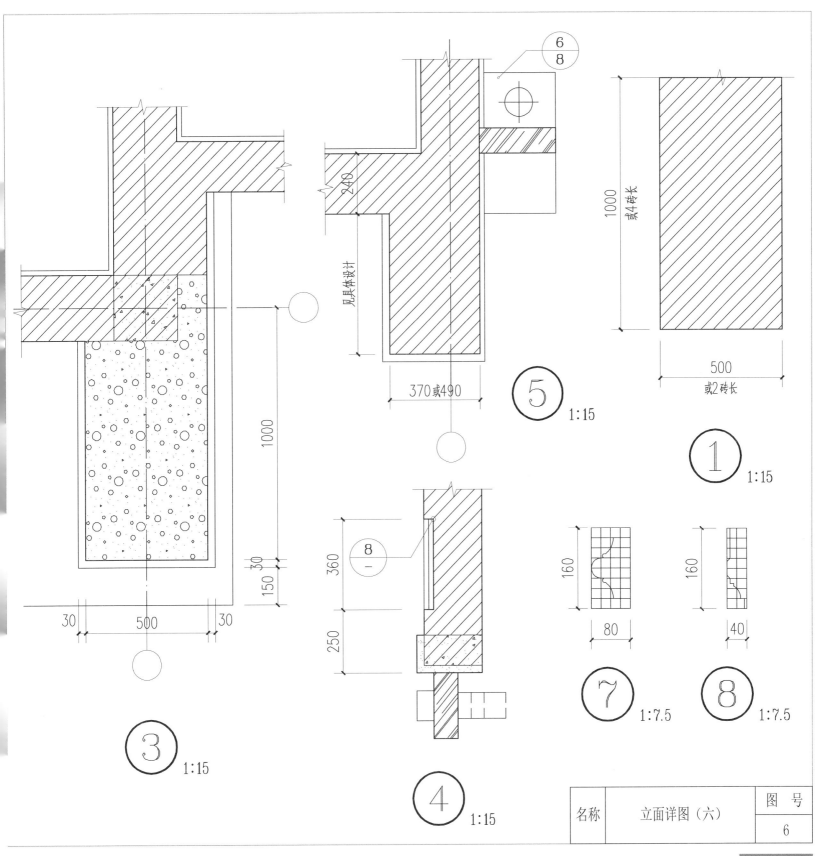

240

见具体设计

370或490

⑤ 1:15

1000
或4砖长

500
或2砖长

① 1:15

1000

30
150

30 500 30

③ 1:15

360

250

⑧
一

④ 1:15

160

80

⑦ 1:7.5

160

40

⑧ 1:7.5

6
8

名称	立面详图（六）	图 号
		6

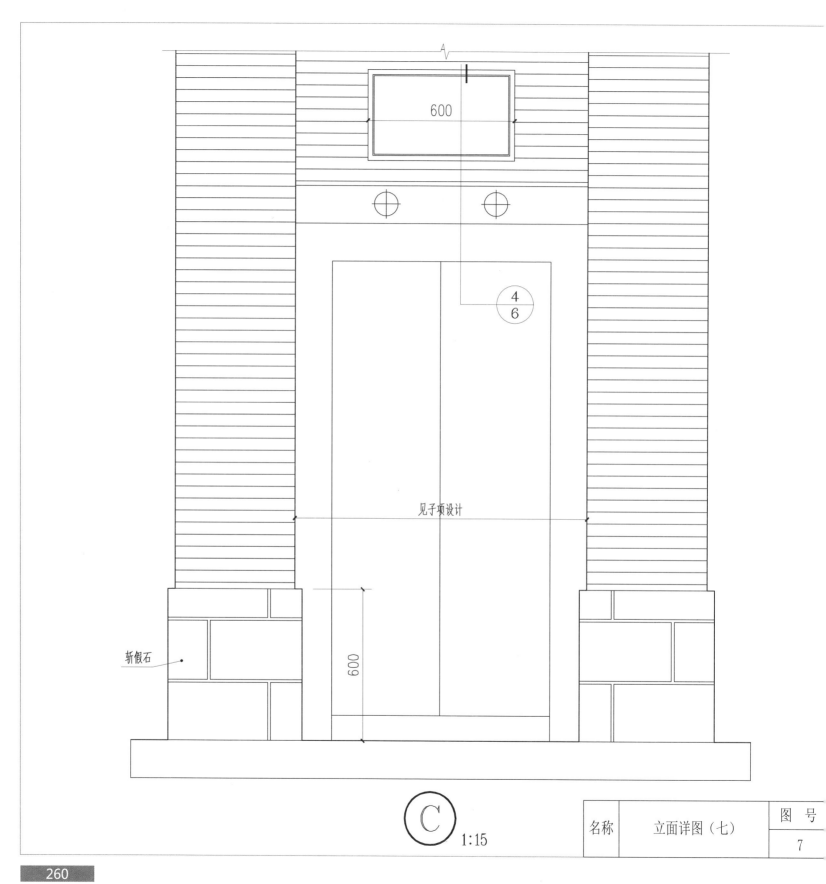

600

见子项设计

4
6

斩假石

600

Ⓒ 1:15

名称	立面详图（七）	图 号
		7

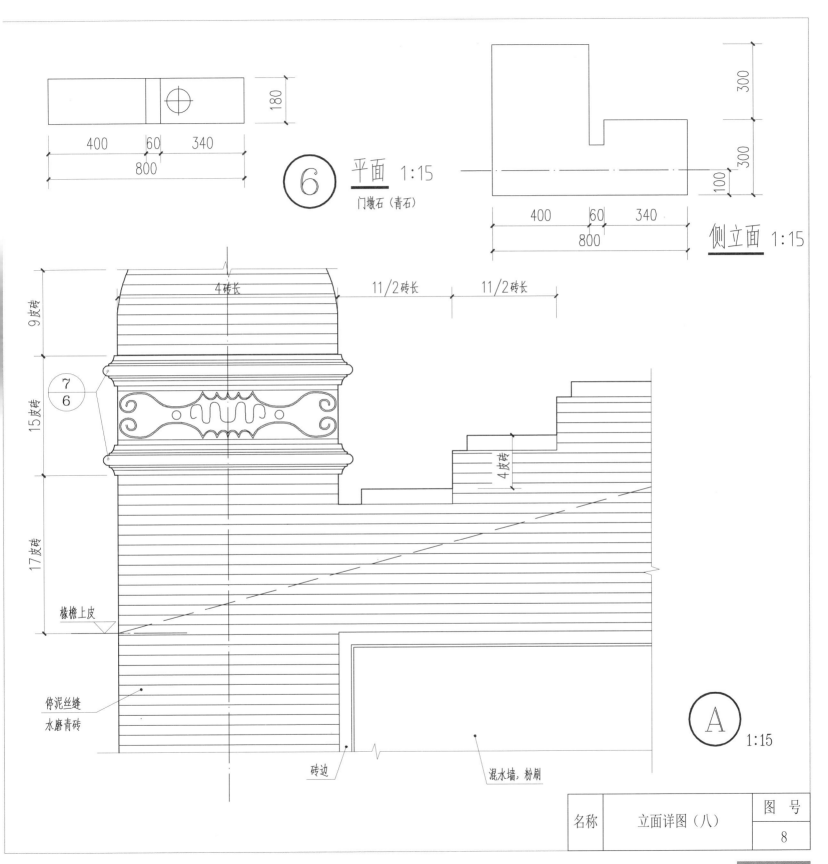

180

400 60 340
800

⑥ 平面 1:15
门墩石（青石）

300

300

100

400 60 340
800

侧立面 1:15

4砖长   11/2砖长   11/2砖长

9皮砖

7
6

15皮砖

4皮砖

17皮砖

椽檐上皮

停泥丝缝
水磨青砖

砖边

混水墙，粉刷

Ⓐ 1:15

名称	立面详图（八）	图 号
		8

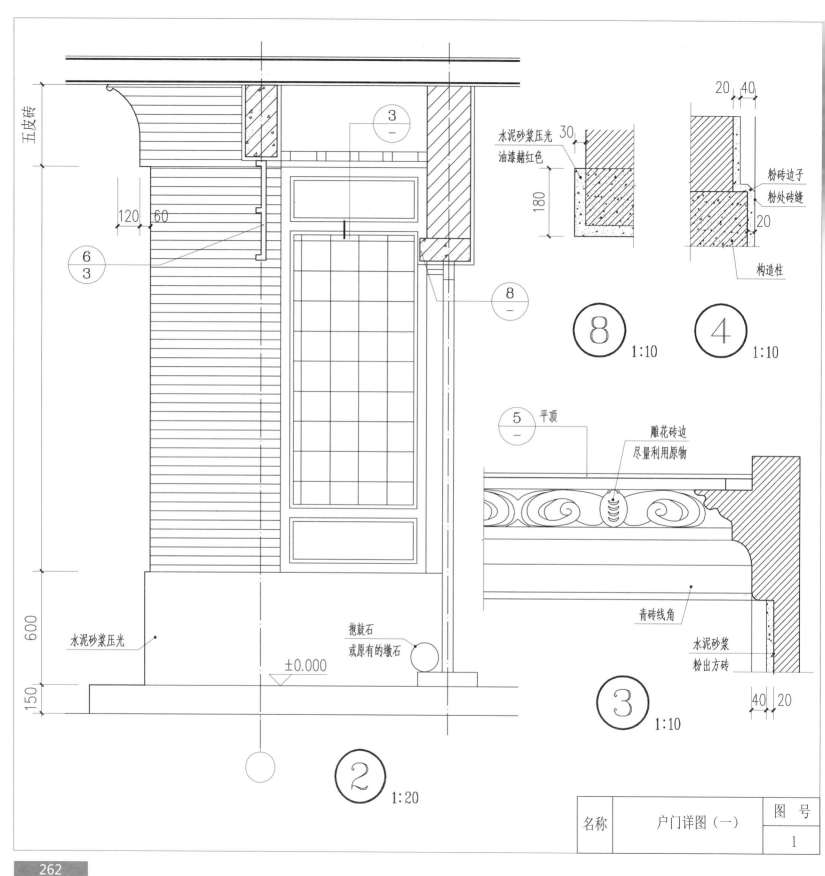

五皮砖

120 60

⑥/③

600

水泥砂浆压光

150

±0.000

抱鼓石
或原有的墩石

③/—

⑧/—

② 1:20

水泥砂浆压光
油漆赭红色

30

180

⑧ 1:10

20 40

粉砖边子

粉处砖缝

20

构造柱

④ 1:10

⑤/— 平顶

雕花砖边
尽量利用原物

青砖线角

水泥砂浆
粉出方砖

③ 1:10

40 20

名 称	户门详图（一）	图 号
		1

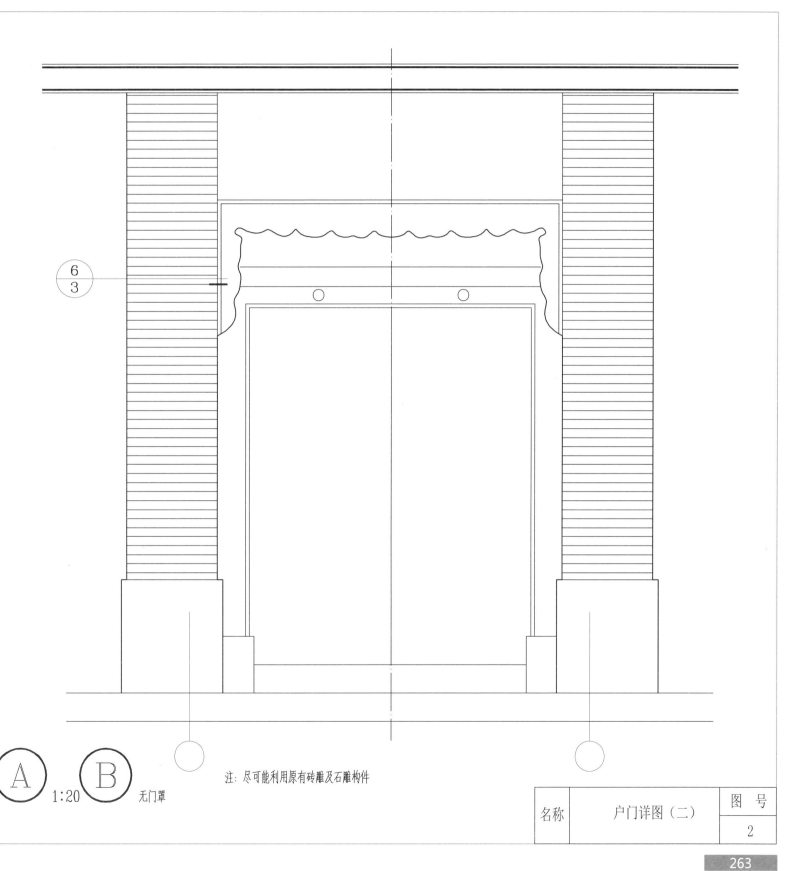

$\dfrac{6}{3}$

Ⓐ 1:20 Ⓑ 无门罩

注：尽可能利用原有砖雕及石雕构件

名称	户门详图（二）	图　号
		2

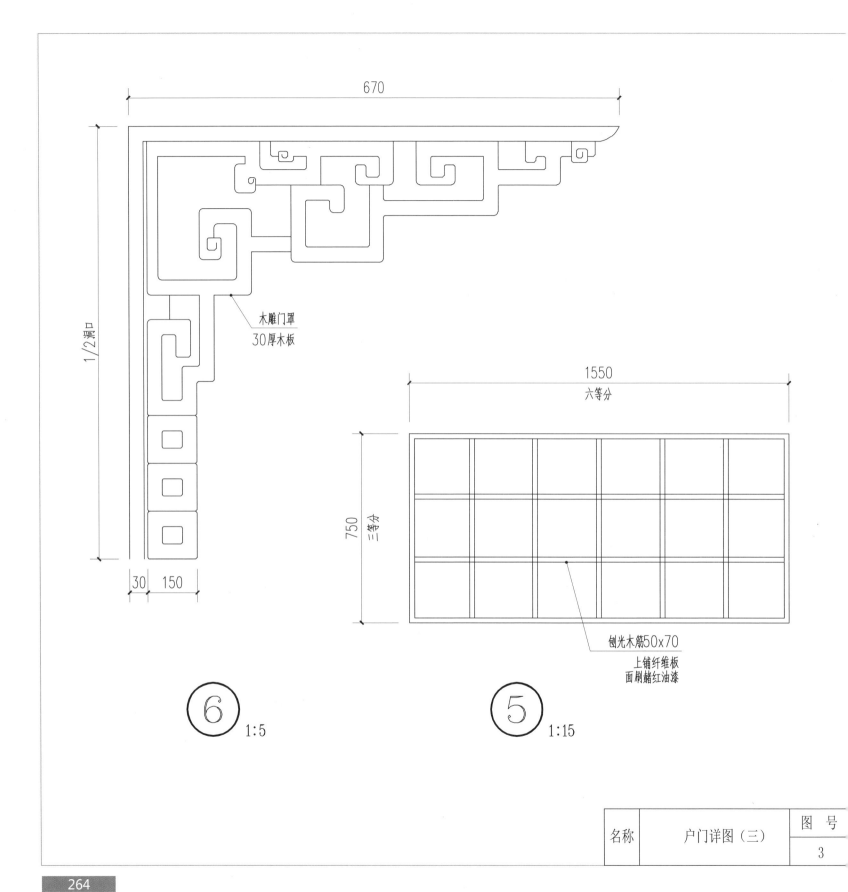

670

1/2 洞口

木雕门罩
30厚木板

30 150

⑥ 1:5

1550
六等分

750
三等分

刨光木筋50x70
上铺纤维板
面刷赭红油漆

⑤ 1:15

名称	户门详图（三）	图 号
		3

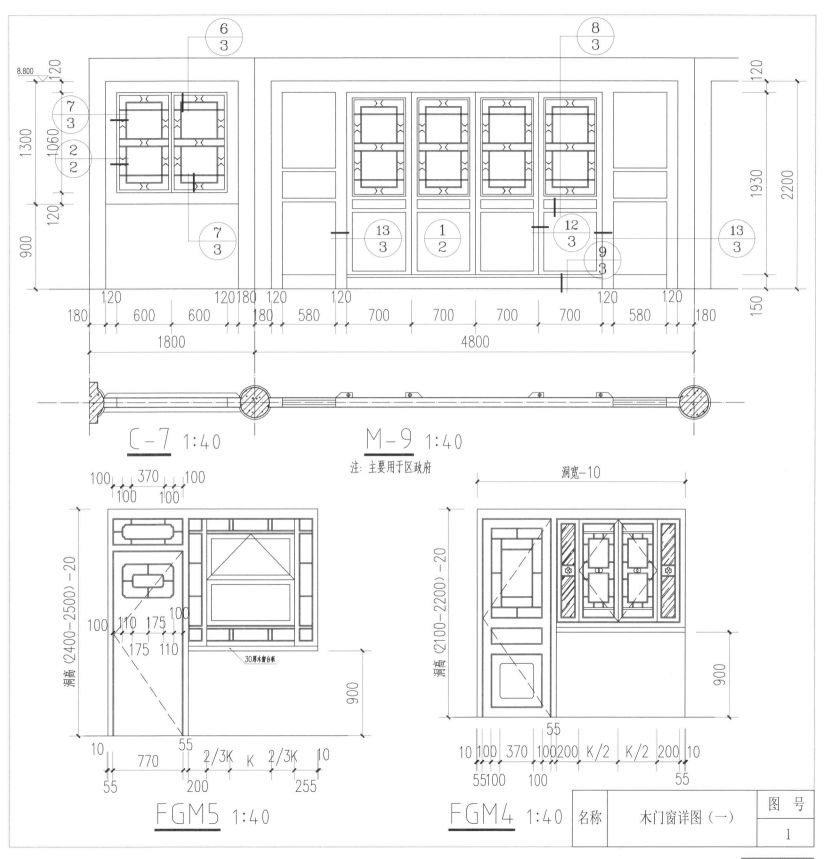

$\frac{6}{3}$

$\frac{8}{3}$

8.800

$\frac{7}{3}$

$\frac{2}{2}$

$\frac{7}{3}$

$\frac{13}{3}$

$\frac{1}{2}$

$\frac{12}{3}$

$\frac{13}{3}$

$\frac{9}{3}$

120 1300 1060 120 900

120 2200 1930 120 150

180 120 600 600 120180 120 580 120 700 700 700 700 120 580 120 180

1800 4800

C-7 1:40

M-9 1:40

注：主要用于区政府

100 370 100
100 100

洞高 (2400-2500) -20

100 110 175 100
175 110

30厚木窗台板

900

10 770 55 2/3K K 2/3K 10

55 200 255

FGM5 1:40

洞宽-10

洞高 (2100-2200) -20

900

10 100 370 100200 K/2 K/2 200 10
55100 100 55

55

FGM4 1:40

名称	木门窗详图（一）	图　号
		1

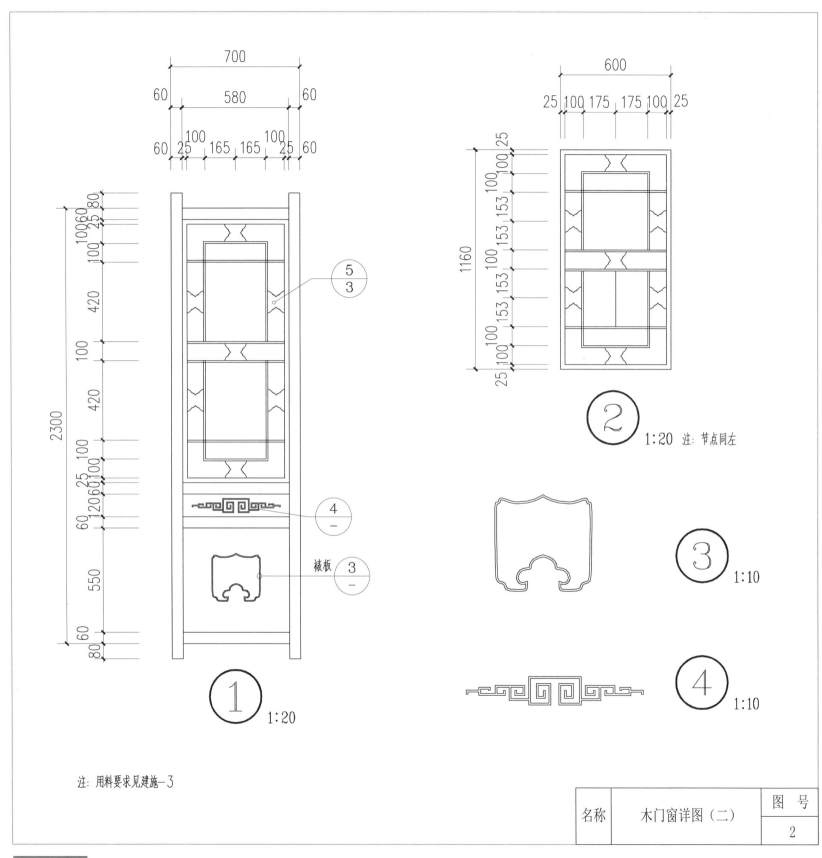

注: 用料要求见建施-3

注: 节点同左

裱板

名称	木门窗详图 (二)	图 号
		2

266

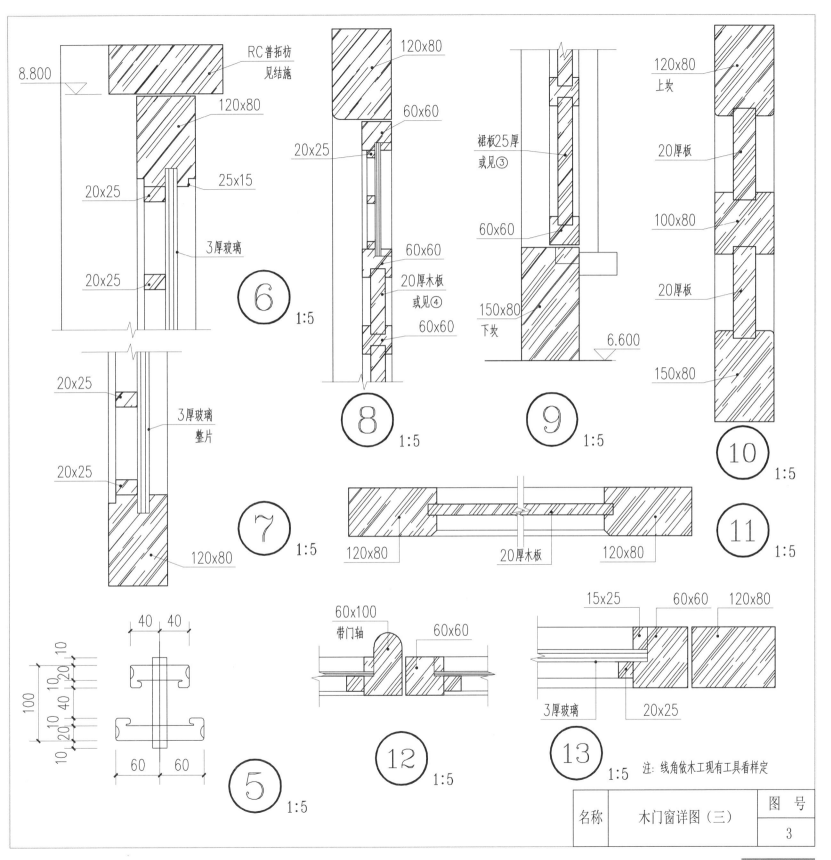

RC普拓枋
见结施

8.800

120x80

20x25

25x15

3厚玻璃

20x25

⑥ 1:5

20x25

3厚玻璃
整片

20x25

120x80

⑦ 1:5

120x80

20x25

60x60

60x60

20厚木板
或见④

60x60

⑧ 1:5

裙板25厚
或见③

60x60

150x80
下坎

6.600

⑨ 1:5

120x80
上坎

20厚板

100x80

20厚板

150x80

⑩ 1:5

120x80   20厚木板   120x80

⑪ 1:5

40 40

100

10
20
40
20
10

60 60

10
20
40
20
10

⑤ 1:5

60x100
带门轴

60x60

⑫ 1:5

15x25   60x60   120x80

3厚玻璃   20x25

⑬ 1:5

注: 线角依木工现有工具看样定

名称	木门窗详图（三）	图　号
		3

267

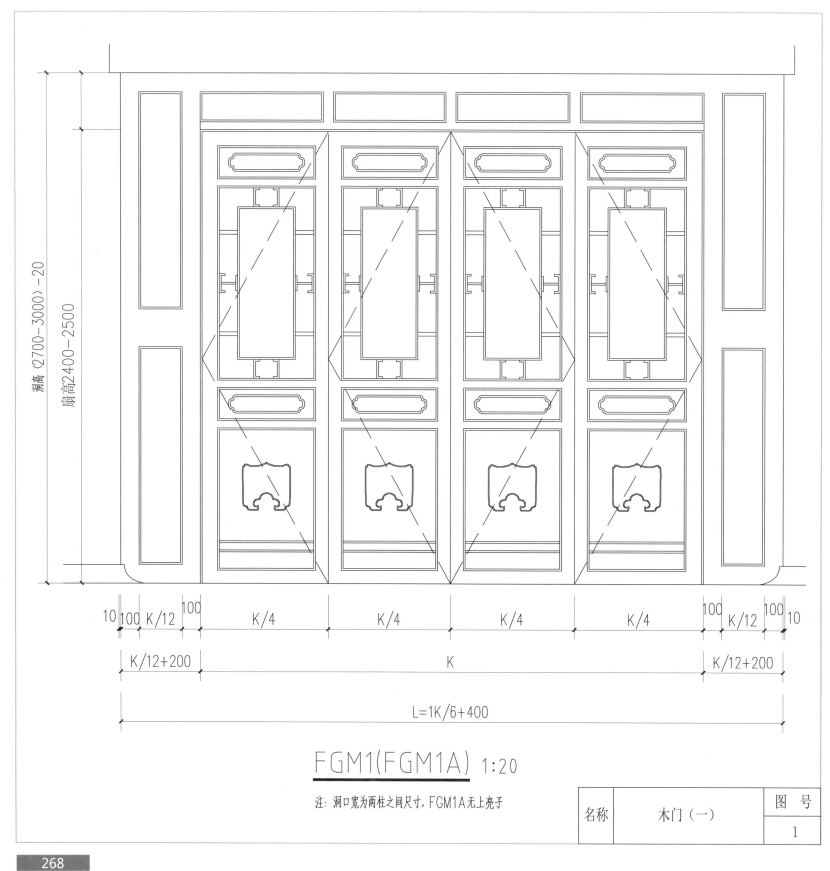

洞高（2700-3000）-20
扇高2400-2500

10 100 K/12 100 K/4 K/4 K/4 K/4 100 K/12 100 10

K/12+200　　　　　　　　　　K　　　　　　　　　K/12+200

L=1K/6+400

FGM1(FGM1A) 1:20

注：洞口宽为两柱之间尺寸，FGM1A无上亮子

名称	木门（一）	图　号
		1

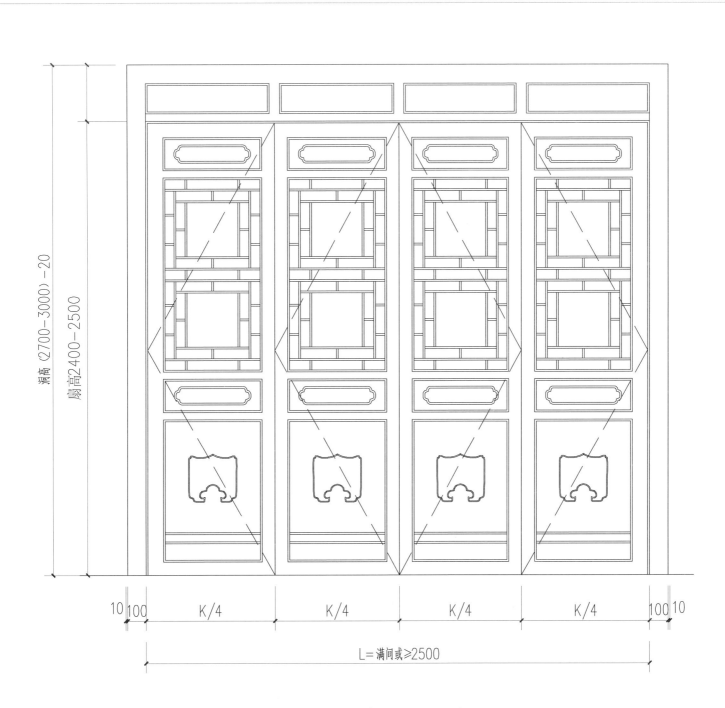

减高（2700-3000）-20

愚高2400-2500

10 100   K/4   K/4   K/4   K/4   100 10

L=满间或≥2500

FGM2(FGM2A) 1:20

注: FGM2A无上亮子

名称	木门（二）	图 号
		2

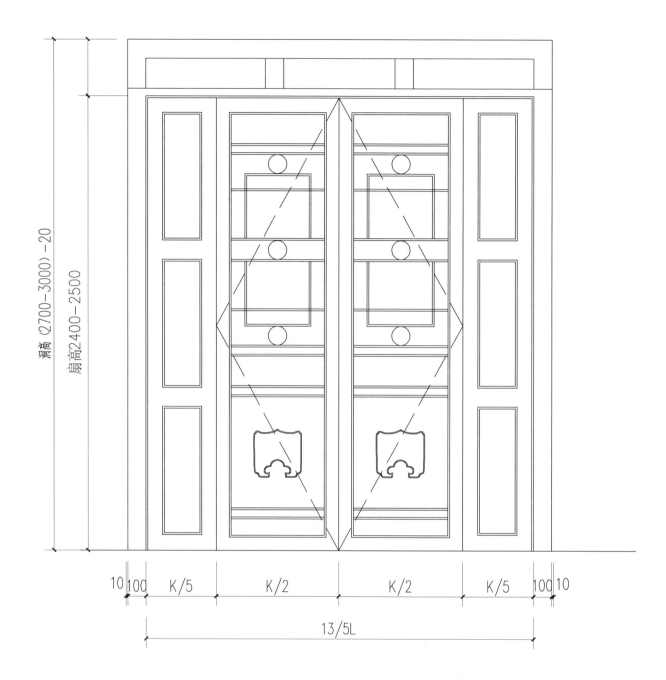

洞高（2700-3000）-20

扇高2400-2500

10 100 K/5 K/2 K/2 K/5 100 10

13/5L

FGM3(FGM3A) 1:20

注: FGM3A无上亮子

名称	木门（三）	图　号
		3

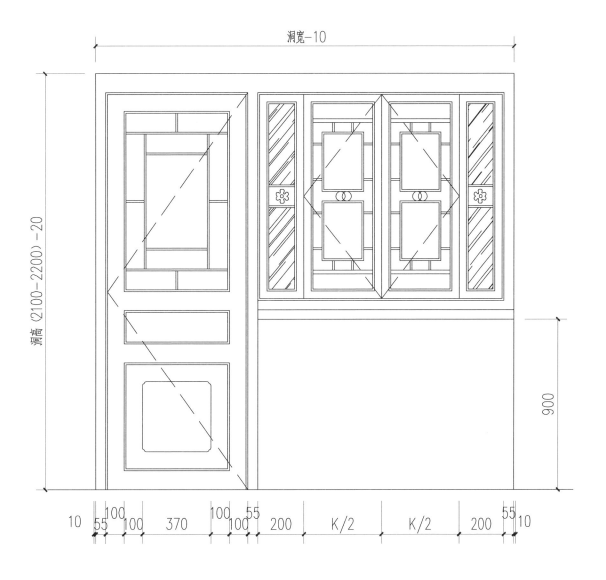

洞宽-10

洞高(2100~2200)-20

900

10 55 100 370 100 100 55 200 K/2 K/2 200 55 10
       100   100

FGM4 1:20

名称	木门（四）	图 号
		4

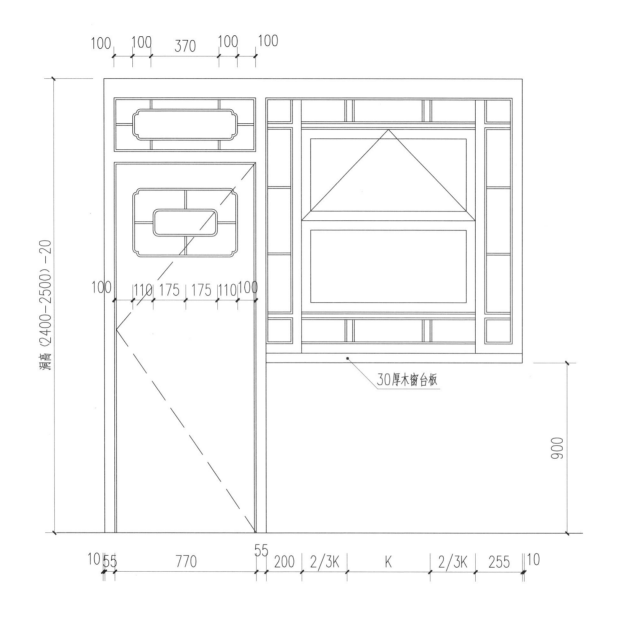

100 | 100 | 370 | 100 | 100

洞高 (2400~2500) -20

100 | 110 | 175 | 175 | 110 | 100

30厚木窗台板

900

10 | 55 | 770 | 55 | 200 | 2/3K | K | 2/3K | 255 | 10

FGM5 1:20

名称	木门（五）	图 号
		5

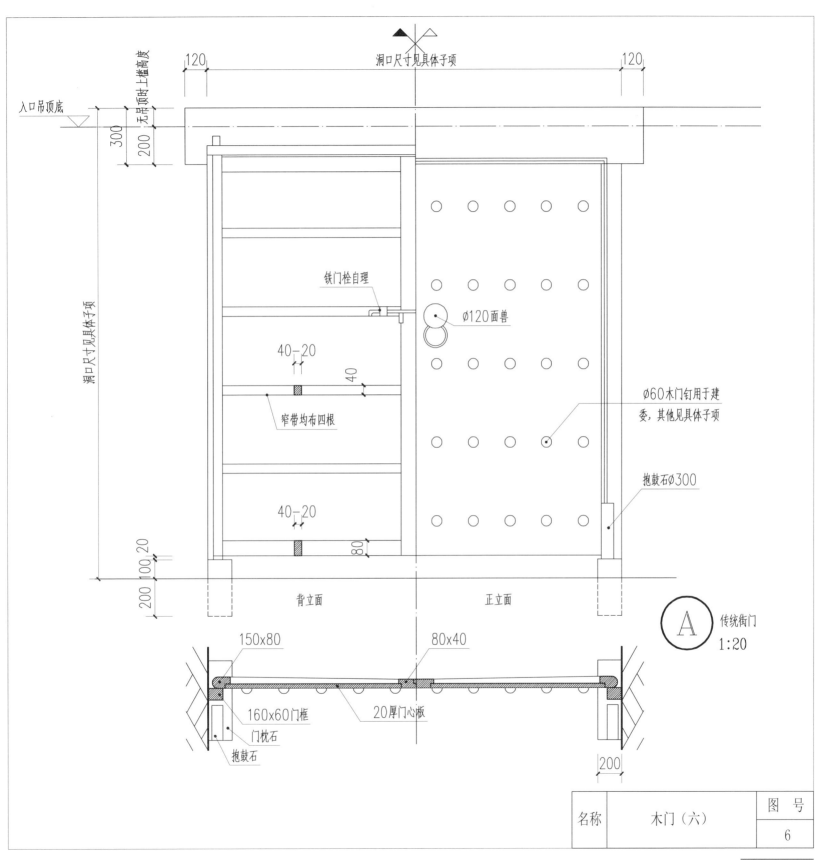

洞口尺寸见具体子项

120   120

入口吊顶底

无顶时上槛高度

300   200

洞口尺寸见具体子项

铁门栓自理

Ø120面兽

40-20

40

窄带均布四根

Ø60木门钉用于建
委,其他见具体子项

40-20

80

抱鼓石Ø300

200 100 20

背立面   正立面

Ⓐ 传统街门
1:20

150x80   80x40

160x60门框

门枕石

20厚门心版

抱鼓石

200

名称	木门(六)	图 号
		6

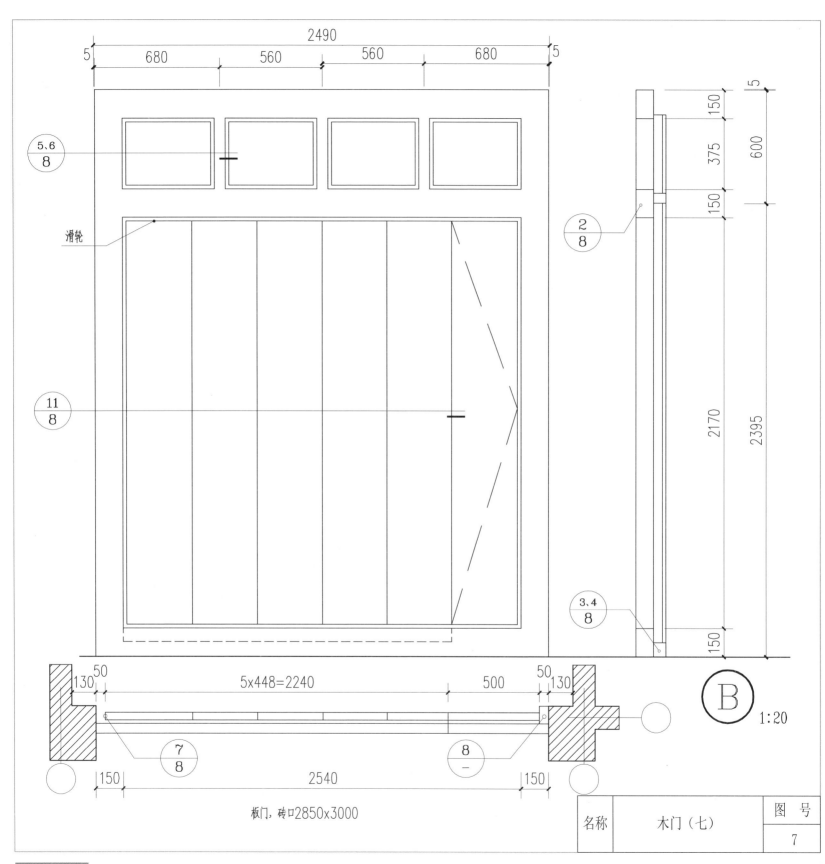

滑轮

板门，砖口2850x3000

名称	木门（七）	图　号
		7

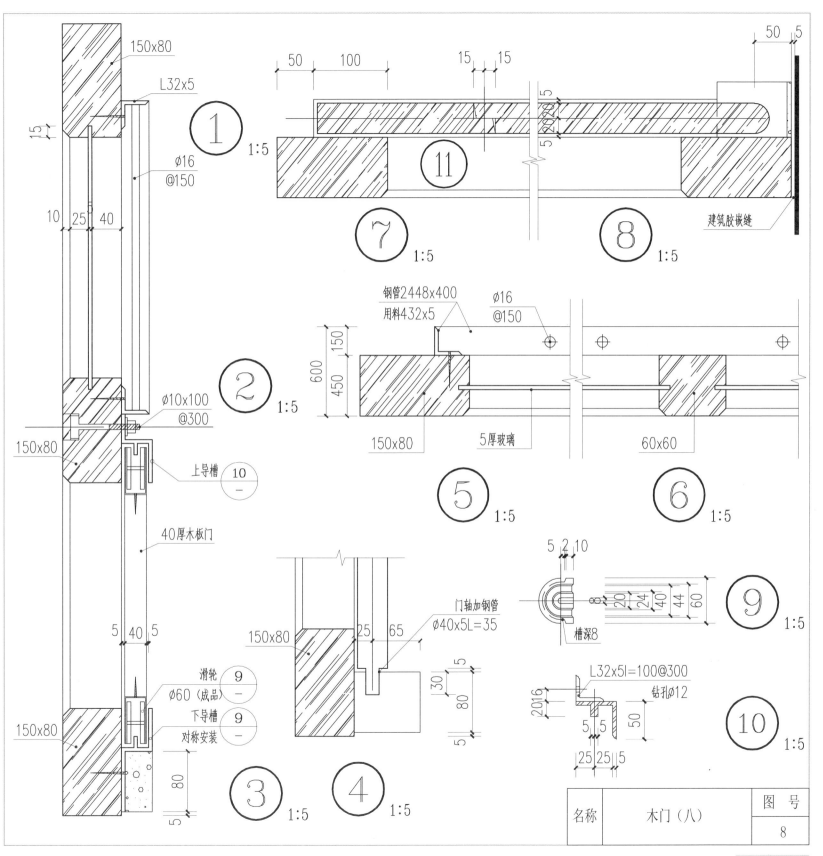

150x80

L32x5

15

① 1:5

Ø16
@150

10 25 40

② 1:5

Ø10x100
@300

上导槽 ⑩

150x80

40厚木板门

5 40 5

滑轮 ⑨
Ø60（成品）

下导槽 ⑨
对称安装

150x80

80
5

③ 1:5

50 100

15 15

5 20 20
5

⑪

⑦ 1:5

⑧ 1:5

建筑胶嵌缝

50 5

钢管2448x400
用料432x5

Ø16
@150

150

600

450

150x80

5厚玻璃

⑤ 1:5

60x60

⑥ 1:5

5 2 10

门轴加钢管
Ø40x5L=35

150x80

25 65

30 80

5

5

④ 1:5

20 24 40 44 60
8

⑨ 1:5

槽深8

L32x5l=100@300

钻孔Ø12

50

2016

5 5

25 25 5

⑩ 1:5

名称	木门（八）	图　号
		8

275

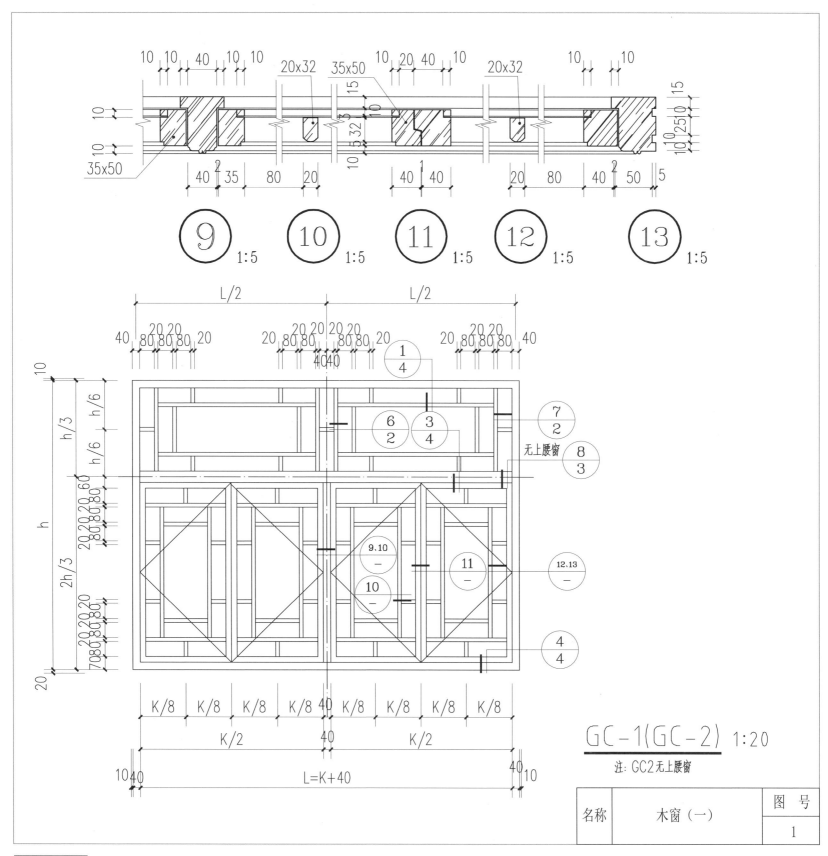

10 10 40 10 10   20x32   35x50   10 20 40 10   20x32   10 10

35x50

⑨ 1:5   ⑩ 1:5   ⑪ 1:5   ⑫ 1:5   ⑬ 1:5

40 2 35   80   20   40 1 40   20   80   40 2 50 5

L/2   L/2

40 20 20 20   20 20 20 20 20 20   20 20 20   40
80 80 80   80 80 80 80   80 80 80

1
4

6   3
2   4

7
2

无上腰窗   8
3

9.10
—

10
—

11
—

12.13
—

4
4

K/8 K/8 K/8 K/8 40 K/8 K/8 K/8 K/8

K/2   40   K/2

10 40   L=K+40   40 10

GC-1(GC-2) 1:20
注: GC2无上腰窗

名称	木窗 (一)	图 号
		1

276

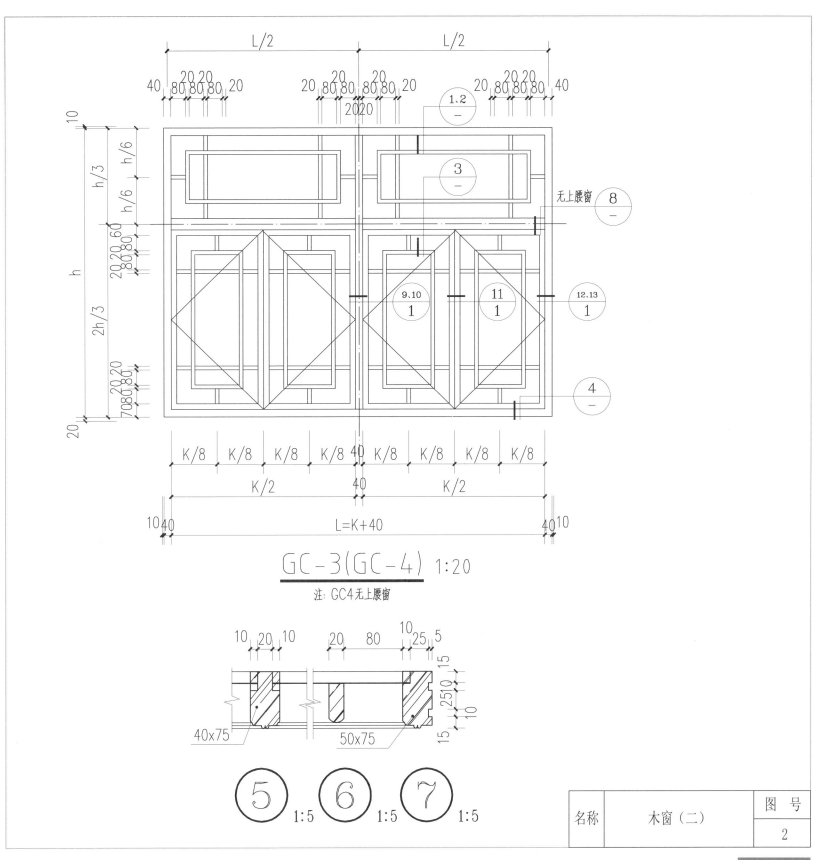

L/2　　L/2

40　20 20 80 80 80 20　　20 80 80 80 80 20　　20 80 80 80 40

10

h/6
h/3
h/6

20 20 60
h
20 20 80
80 80

2h/3

70 80 20 20

20

1,2
—

3
—

无上腰窗 8
—

9,10 1   11 1   12,13 1

4
—

K/8　K/8　K/8　K/8　40　K/8　K/8　K/8　K/8

K/2　　40　　K/2

10 40　　L=K+40　　40 10

GC-3(GC-4) 1:20

注: GC4无上腰窗

10 20 10　　20 80 10 25 5

15
15
250
10
15

40×75　　50×75

⑤ 1:5　⑥ 1:5　⑦ 1:5

名 称	木窗（二）	图 号
		2

277

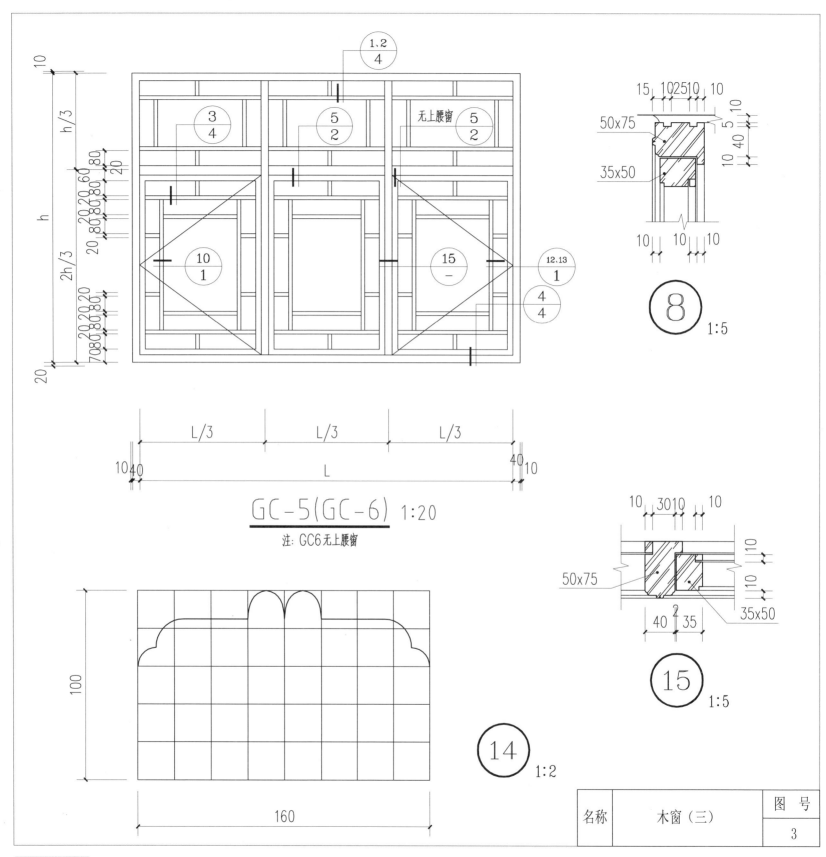

$$\frac{1,2}{4}$$

$$\frac{3}{4}$$

$$\frac{5}{2}$$

无上腰窗

$$\frac{5}{2}$$

$$\frac{10}{1}$$

$$\frac{15}{-}$$

$$\frac{12,13}{1}$$

$$\frac{4}{4}$$

50x75

35x50

⑧ 1:5

L/3 L/3 L/3

L

GC-5(GC-6) 1:20

注：GC6无上腰窗

50x75

35x50

⑮ 1:5

100

160

⑭ 1:2

名称	木窗（三）	图 号
		3

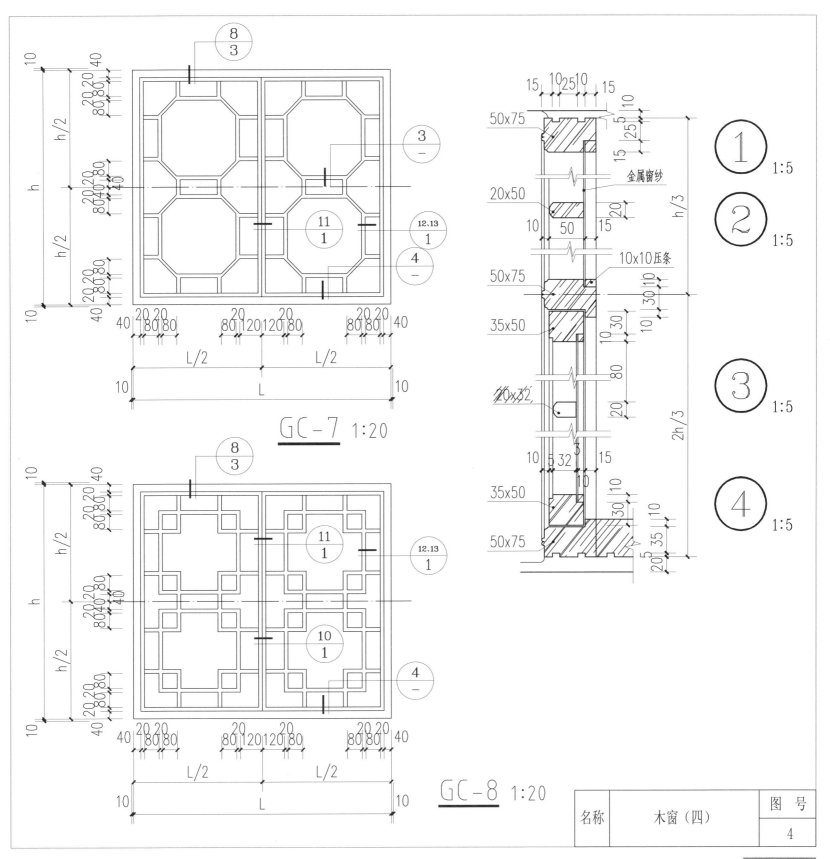

金属窗纱

10x10压条

$GC-7$ 1:20

$GC-8$ 1:20

名称	木窗（四）	图 号
		4

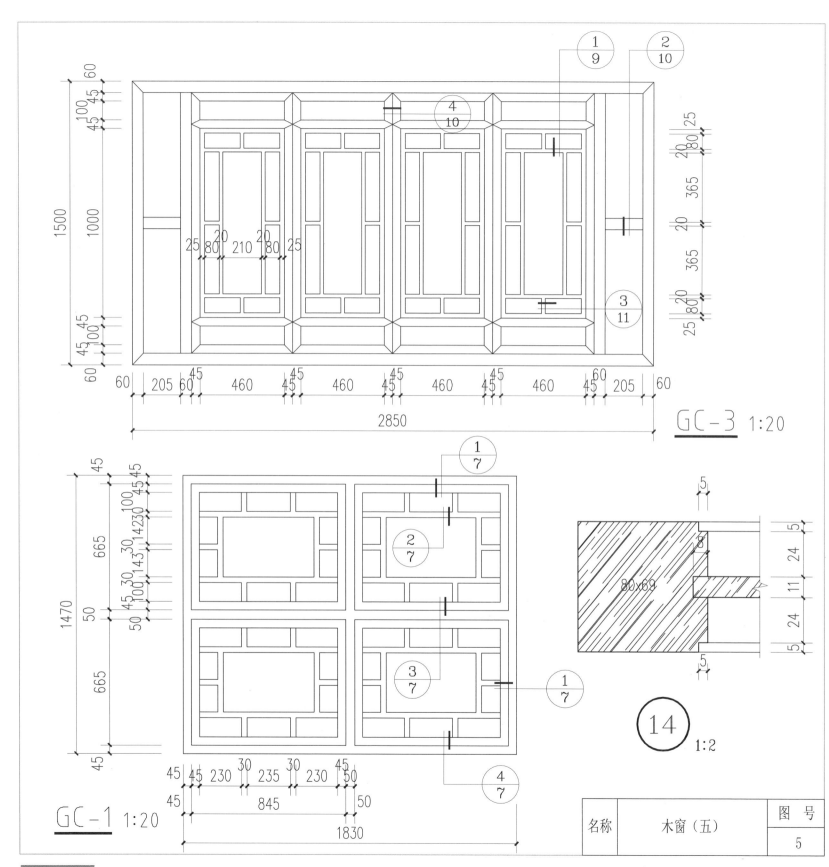

GC-3 1:20

GC-1 1:20

80×69

14 1:2

名称	木窗（五）	图 号
		5

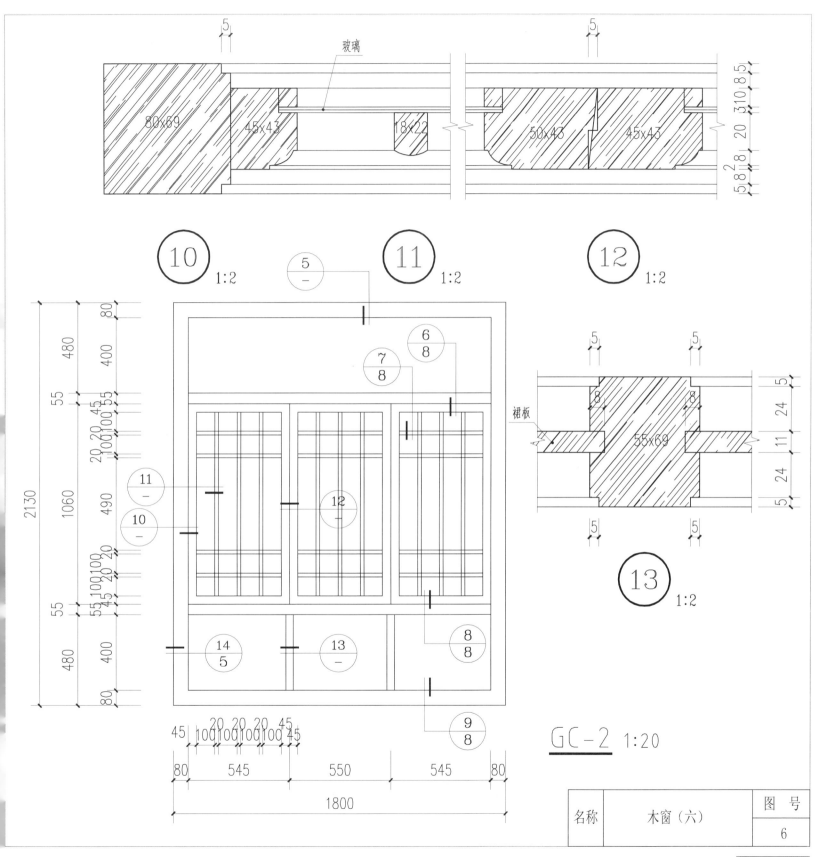

玻璃

⑩ 1:2   ⑪ 1:2   ⑫ 1:2

80×69   45×43   18×22   50×43   45×43

裙板

55×69

⑬ 1:2

GC-2 1:20

名 称	木窗（六）	图　号
		6

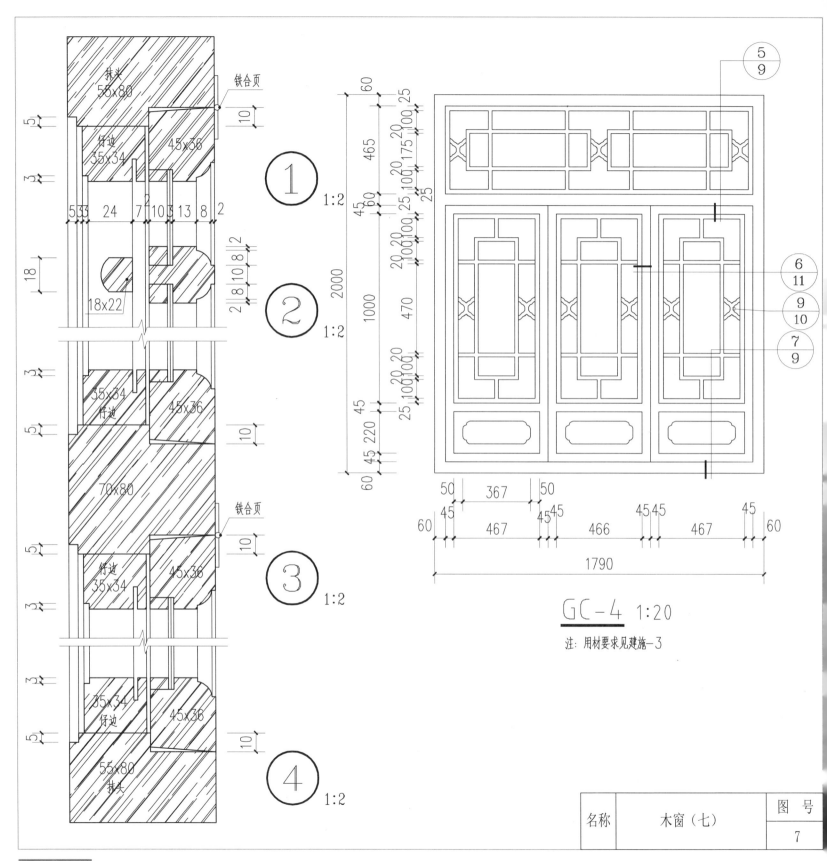

抹头
55×80

铁合页

仔边
35×34   45×36

5
3

533 24 7 10 3 13 8 2

① 1:2

18   18×22

2 8 10 8 2

② 1:2

2000

35×34   45×36
仔边

5

70×80

铁合页

10

35×34   45×36
仔边

③ 1:2

3

35×34   45×36

10

55×80
扶头

④ 1:2

60
465
25
175
100
20
25

45
60
25
100
20

2000
1000
470
20
100
20

45
100
20
25

45
220
45
60

5
9

6
11

9
10

7
9

50 367 50

45 45 45 45 45 45

60 467 466 467 60

1790

GC-4 1:20

注: 用材要求见建施-3

名 称	木窗（七）	图 号
		7

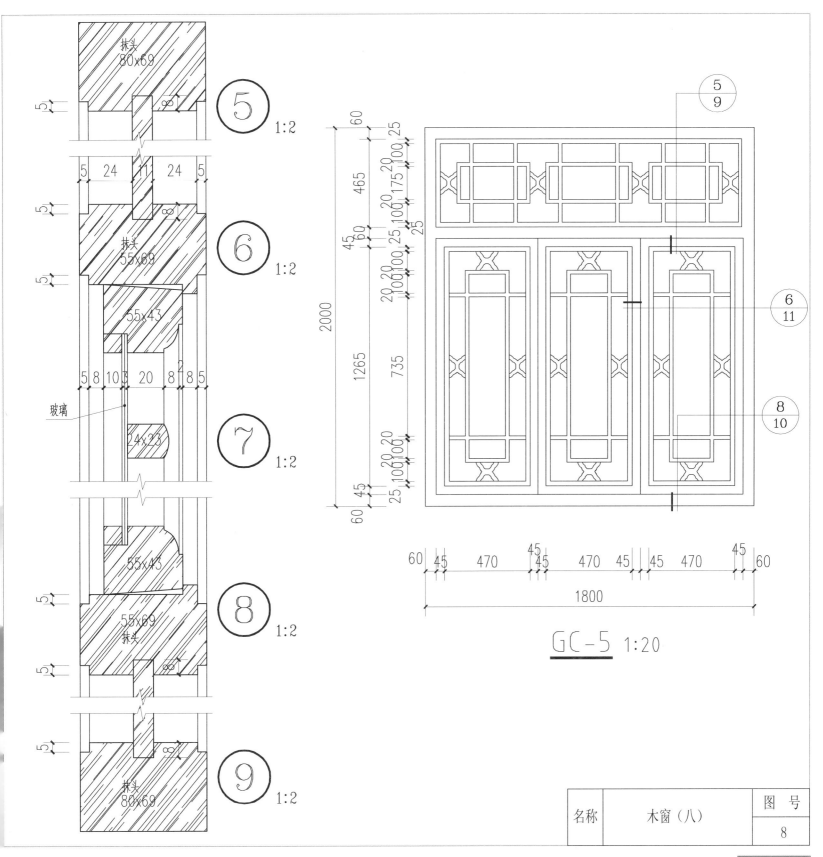

抹头
80x69

5

5 1:2

5 24 11 24 5

5

抹头
55x69

6

6 1:2

55x43

5 8 10 3 20 8 2 8 5

玻璃

24x23

7

7 1:2

55x43

55x69
抹头

5

8

8 1:2

5

抹头
80x69

9

9 1:2

5
9

6
11

8
10

60
465
45 60
1265
735
45
60
2000

60 45 470 45 45 470 45 45 470 45 60
1800

GC-5 1:20

名称	木窗（八）	图 号
		8

283

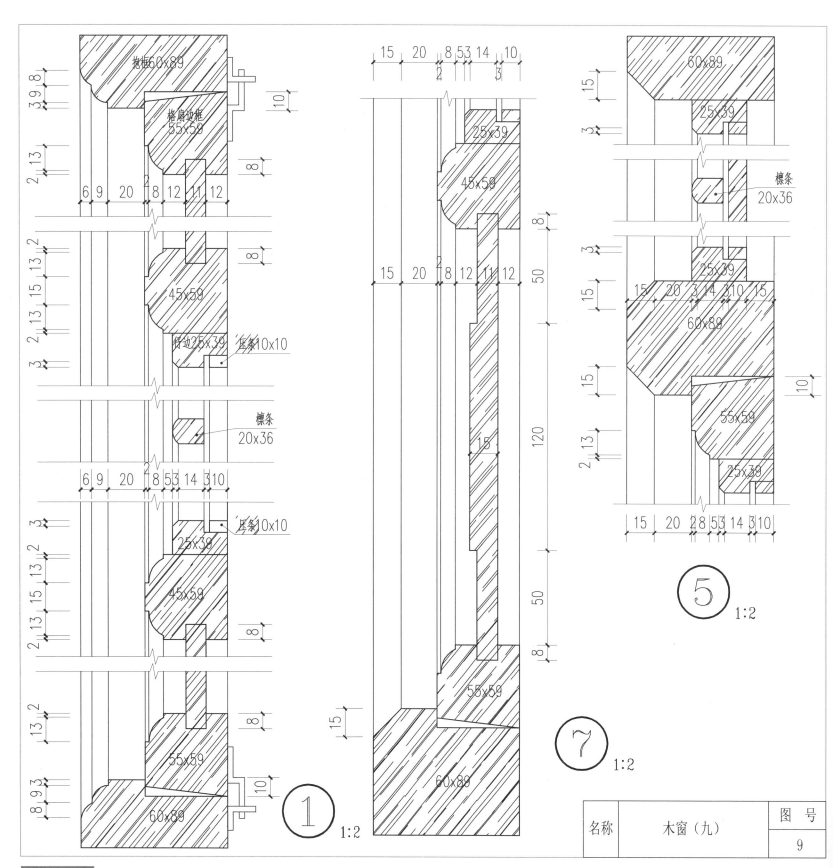

抱框60x89

格扇边框
55x59

45x59

仔边25x39　压条10x10

檩条
20x36

压条10x10

25x39

45x59

25x39

45x59

55x59

60x89

55x59

60x89

60x89

25x39

檩条
20x36

25x39

60x89

55x59

25x39

① 1:2

⑦ 1:2

⑤ 1:2

名称	木窗（九）	图　号
		9

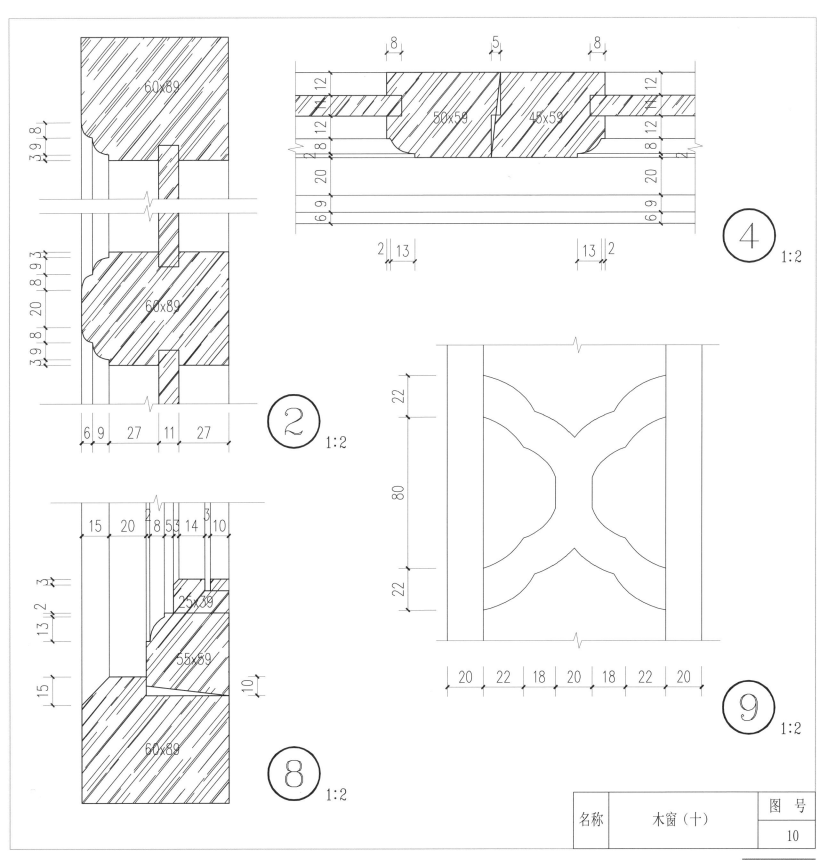

② 1:2

④ 1:2

⑧ 1:2

⑨ 1:2

名称	木窗（十）	图 号	
		10	

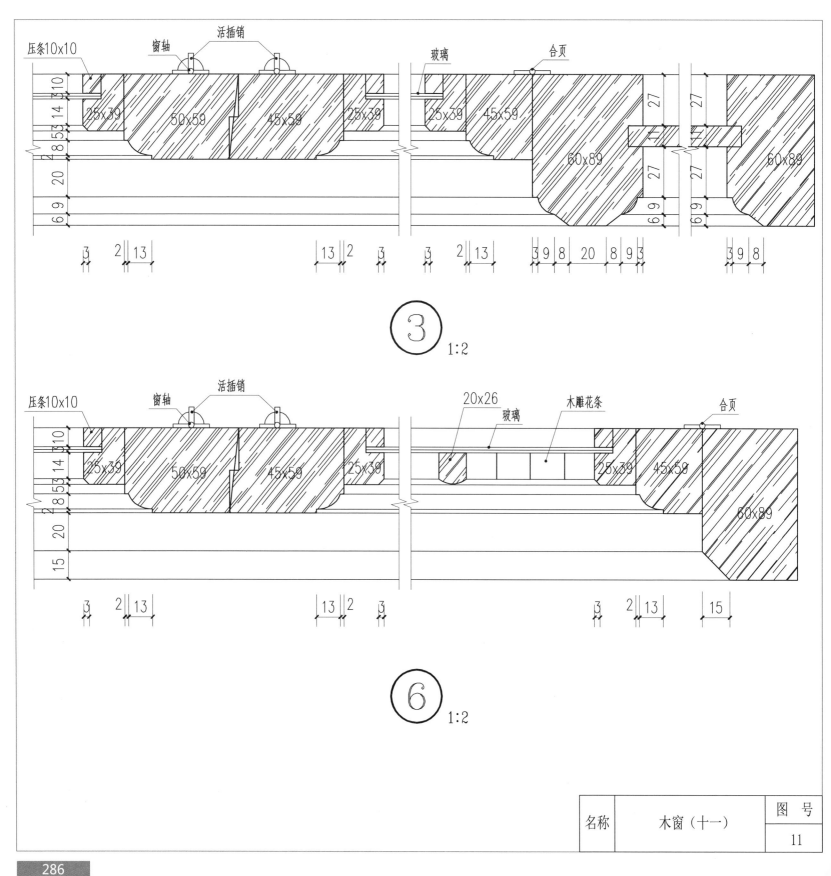

压条10x10　　窗轴　　活插销　　　　　　玻璃　　　合页

25x39　50x59　45x59　25x39　　　25x39　45x59　60x89　　　60x89

3
2　13　　　　13　2　3　　　3　2　13　　3 9 8　20　8 9 3　　　3 9 8

③ 1:2

压条10x10　　窗轴　　活插销　　　　20x26　　木雕花条　　合页
　　　　　　　　　　　　　　玻璃

25x39　50x59　45x59　25x39　　　　　　　　25x39　45x59　60x89

3
2　13　　　　13　2　3　　　3　2　13　15

⑥ 1:2

名称	木窗（十一）	图　号
		11

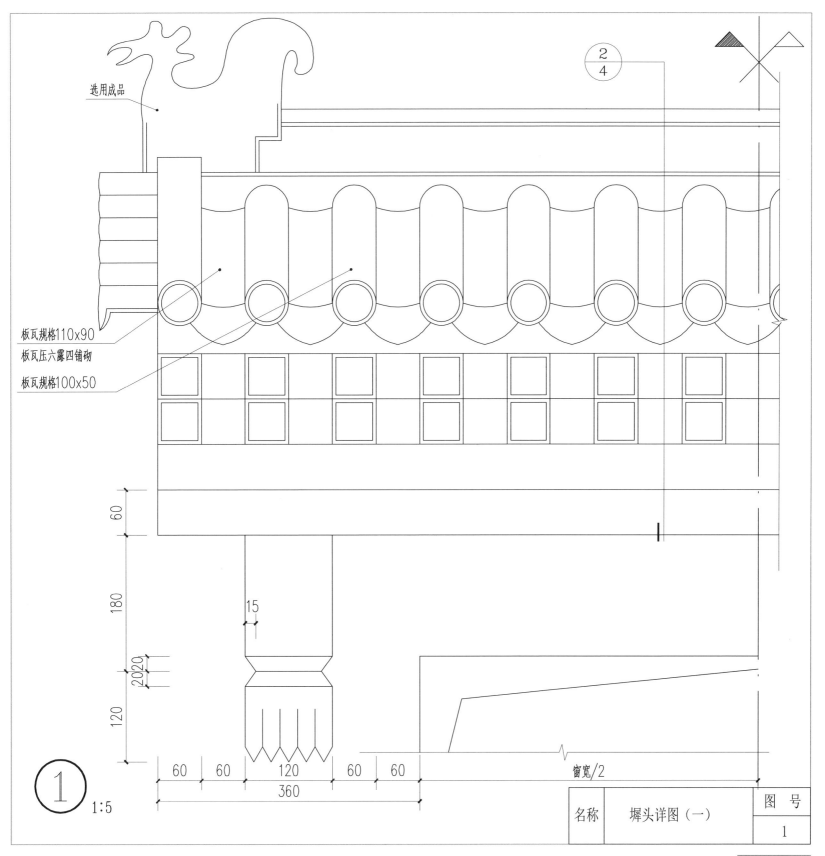

选用成品

板瓦规格110x90
板瓦压六露四铺砌
板瓦规格100x50

$\frac{2}{4}$

60

180

15

20 20

120

60 | 60 | 120 | 60 | 60

360

窗宽/2

① 1:5

名称	墀头详图（一）	图　号
		1

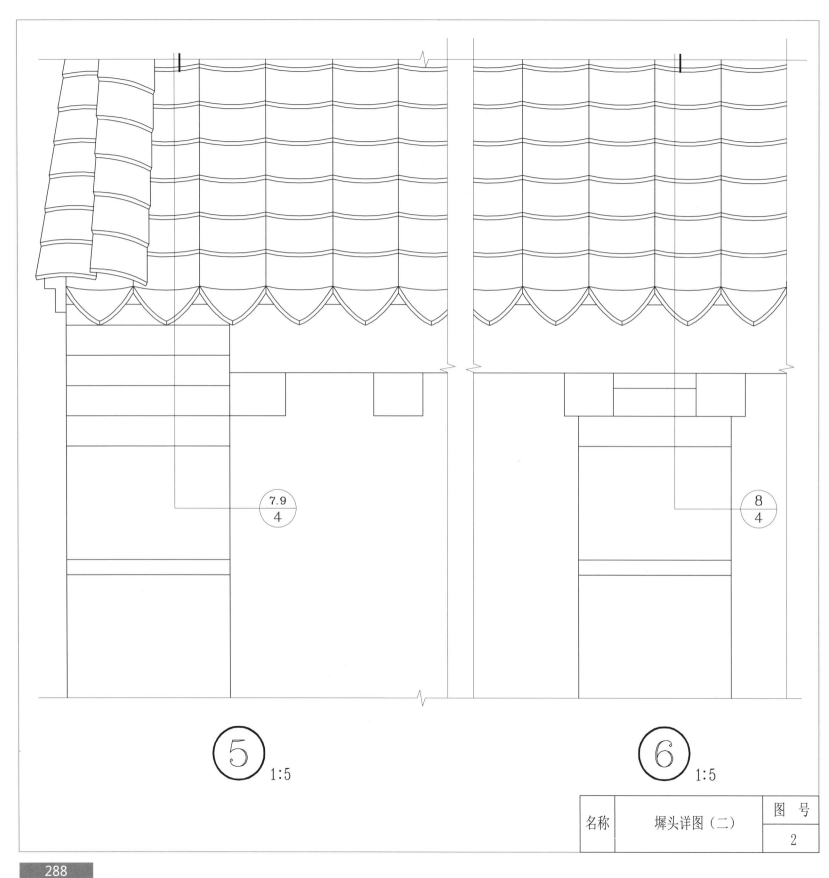

⑤ 1:5

$\dfrac{7.9}{4}$

⑥ 1:5

$\dfrac{8}{4}$

名称	墀头详图（二）	图 号
		2

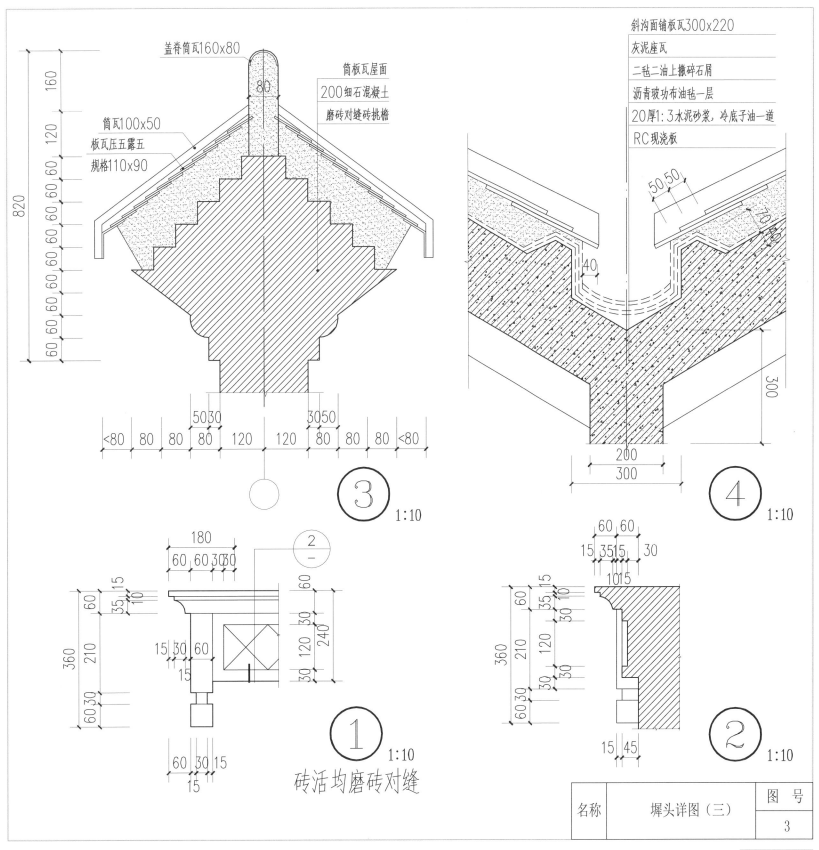

盖脊筒瓦160x80

筒板瓦屋面
200细石混凝土
磨砖对缝砖挑檐

筒瓦100x50
板瓦压五露五
规格110x90

160

120

820

60 60 60 60 60 60 60 60 60

80

5030 3050

<80 80 80 80 120 120 80 80 80 <80

③ 1:10

斜沟面铺板瓦300x220

灰泥座瓦

二毡二油上撒碎石屑

沥青玻璃布油毡一层

20厚1:3水泥砂浆, 冷底子油一道

RC现浇板

50 50

70 70

40

300

200

300

④ 1:10

180

60 60 30 30

②

60

30 30 120 240

360 60 210

15 30 60

15

60 30 15

15

60 30

① 1:10

砖活均磨砖对缝

60 60

15 3515 30

1015

360 60 210

35 15 10

30 120 30

60 30

15 45

② 1:10

名称	塀头详图（三）	图　号
		3

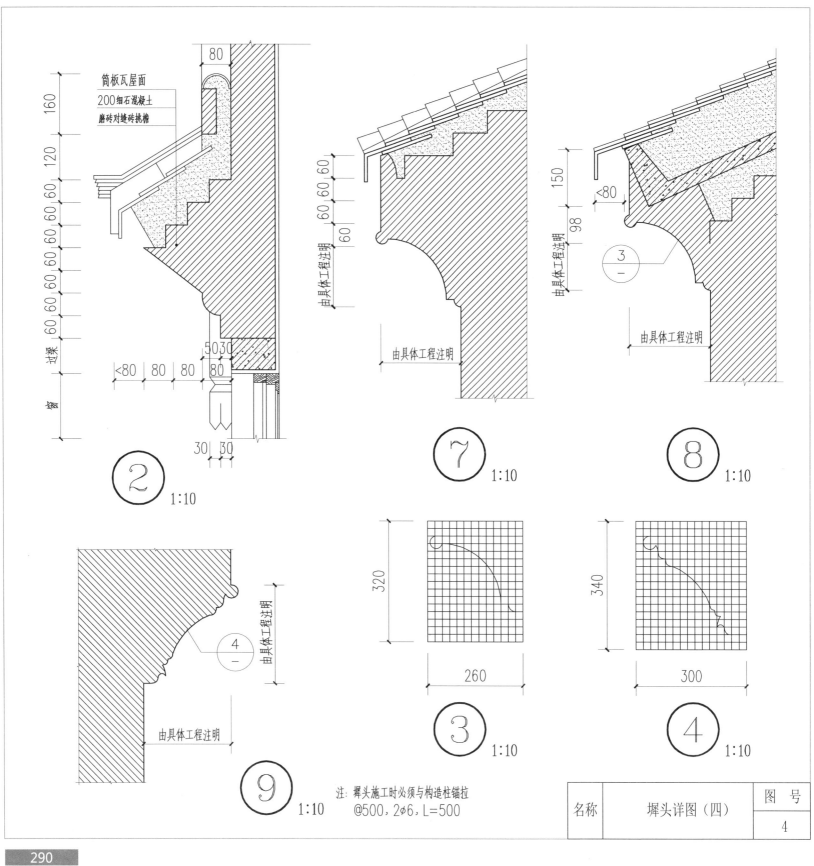

筒板瓦屋面

200细石混凝土

磨砖对缝磨砖挑檐

80

160

120

60 60 60 60 60 60 60 60

过梁

窗

50 30

80 80 80 80

<80

30 30

② 1:10

60 60 60

60

由具体工程注明

由具体工程注明

⑦ 1:10

150

98

<80

由具体工程注明

由具体工程注明

③
—

⑧ 1:10

由具体工程注明

由具体工程注明

④
—

⑨ 1:10

320

260

③ 1:10

340

300

④ 1:10

注: 墀头施工时必须与构造柱锚拉
@500，2φ6，L=500

名称	墀头详图（四）	图 号
		4

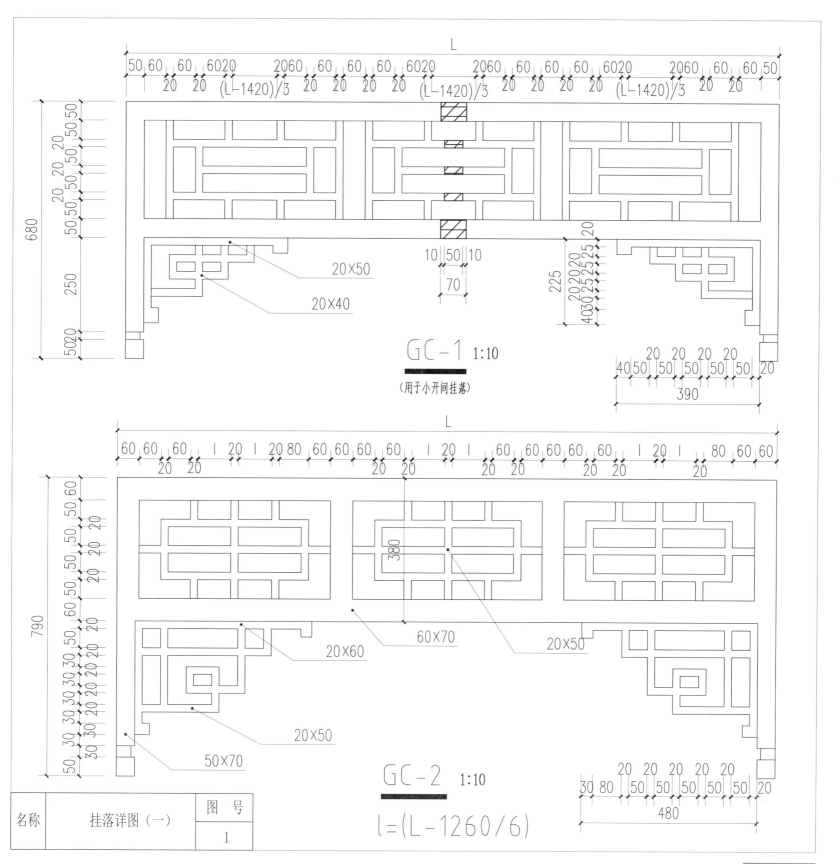

GC-1 1:10

（用于小开间挂落）

20×50

20×40

GC-2 1:10

L=(L-1260/6)

20×60

60×70

20×50

20×50

50×70

名称	挂落详图（一）	图 号	
		1	

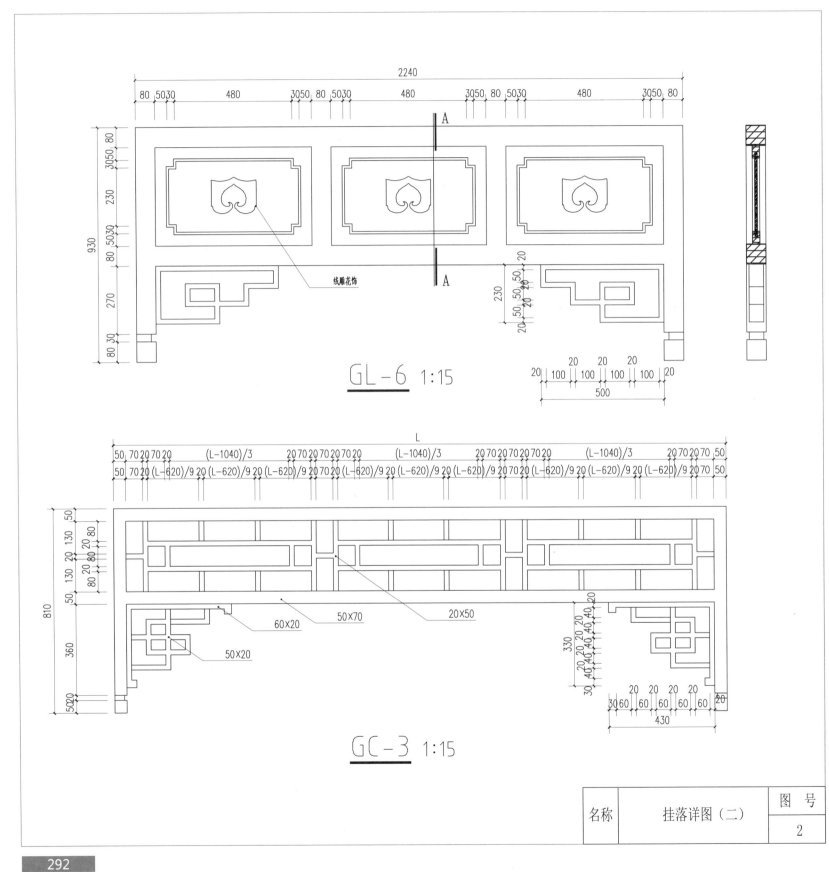

线雕花饰

GL-6 1:15

60×20
50×70
20×50
50×20

GC-3 1:15

名称	挂落详图（二）	图 号
		2

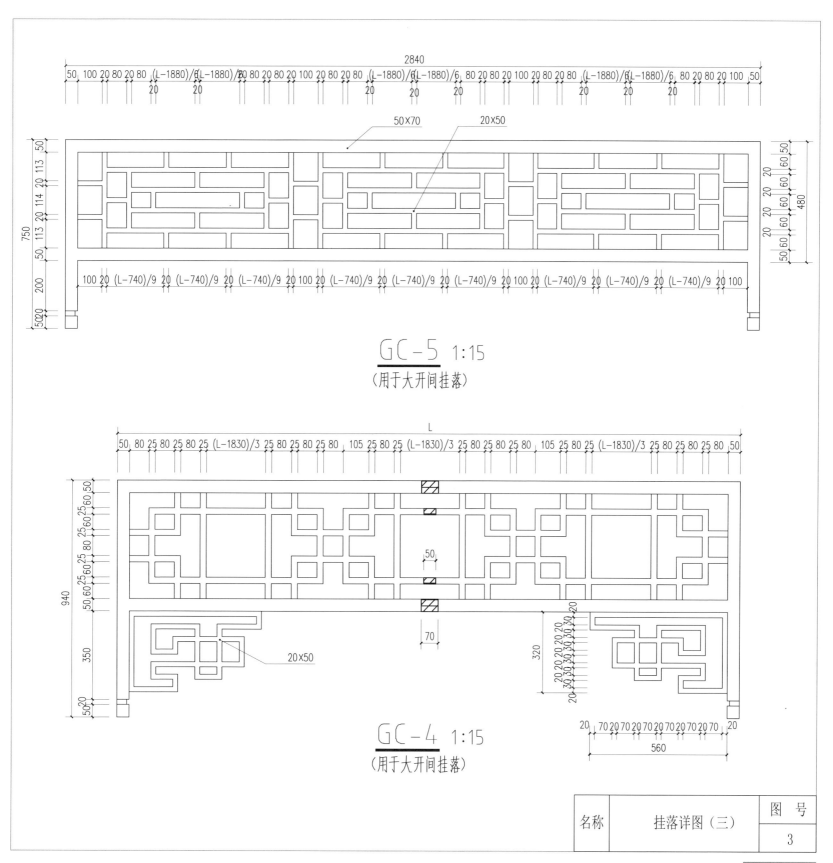

GC-5 1:15
（用于大开间挂落）

GC-4 1:15
（用于大开间挂落）

名称	挂落详图（三）	图 号
		3

附录：图册民居建造年代及保存现状一览表

	序号	名称	建造年代	保存现状
碑林区 （31处）	1	芦荡巷2号	清咸丰年间	东院和西院格局完整，上房中西合璧风格
	2	东木头市108号	民国	整体格局完整，厅房、西厦房保存较完整
	3	东木头市32号（老24号）	民国	整体格局仍在，门房、厅房、厦房保存较完整
	4	东木头市98号	清代	整体格局完整，门房、厅房、西厦房保存较完整
	5	东木头市72-78号（老54-56号）	清代	改建严重
	6	府学巷50号（老25号）	民国	已拆
	7	兴隆巷34号（老27号）	清代	仅厅房保存完整
	8	兴隆巷42号高陪支旧居	清代	三进院格局及单体建筑保存完整
	9	安居巷8号	清末	整体格局完整，二道门精美
	10	安居巷10号	清末	整体格局完整，厦房、上房保存完整
	11	亘垣堡6号	清光绪年间	仅剩保存完整上房一座
	12	长安学巷29号	建造年代不详	仅存上房一座，保存完整
	13	东厅门200号	清代	一进院落完整，厅房与上房保存较好
	14	东厅门112号	清代	已拆
	15	东厅门164号（老55号）	清末	改建为旅馆
	16	东厅门178号（老57号）	民国	仅剩门房，改建较为严重
	17	东厅门102号	清代	已拆
	18	东厅门184号（老58号）	清代	已拆
	19	柏树林51号	清代	仅剩一进院及厅房、厦房
	20	柏树林82号	清代	已拆
	21	柏树林86号	清代	已拆
	22	柏树林56、58号	清代	院落完整，现存厦房、上房

	序号	名称	建造年代	保存现状
碑林区 （31 处）	23	柏树林 129 号	民国	已拆
	24	开通巷 8 号（老 84 号）	清末	已拆
	25	开通巷 10 号	清末	已拆
	26	开通巷 30 号	清代	整体格局较完整，仅现仅存厅房
	27	开通巷 55 号	清代	已拆
	28	菊花园 29 号	民国	已拆
	29	咸宁学巷 21 号（老 18 号）	民国	仅存的北厦房、门房已被拆除
	30	咸宁学巷 25 号	清末	仅存上房已被拆除
	31	东柳巷 15	清代	已拆
雁塔区 （1 处）	32	三兆村东口老宅	清代	两进院整体格局及其建筑保存完整
长安区 （5 处）	33	太乙宫西新庄张云山故居	清代	仅剩上房
	34	大兆西街花房	清代	整体格局已不存，仅剩门房
	35	付士美故居	清代	整体格局尚存，门房、厦房、上房有不同程度损毁
	36	藏家庄村杜氏民居	清末	三路两进院格局尚存，厦房、厅房、上房保存较好
	37	枣园村马厂郭家大院	清代	东、南两院及其建筑保存完整，现为"民宅博物馆"
莲湖区 （24 处）	38	药王洞 118 号	清代	第二进院格局及其建筑保存完整，局部被改造
	39	大麦市街 38 号丁家大院	民国	院落整体格局及其建筑保存完整
	40	大麦市街 44 号	清末	仅剩一保存完整的后楼一座
	41	庙后街 134 号	清代	仅存剩保存完整的上房一座
	42	庙后街 182 号张家公馆	清代	四进院落格局及建筑基本保存完整，院中还有戏台
	43	光明巷 45 号	清代	仅剩厦房和后楼，保存基本完整
	44	光明巷 47 号	清代	仅剩南北厦房和二道门，雕饰精美

	序号	名称	建造年代	保存现状
莲湖区 （24处）	45	大皮院 109 号	清代	格局已基本不存，仅剩二层厅房一座
	46	大皮院 87 号	清末民初	仅剩厅房一座
	47	大皮院 105 号	清末	仅存门房、厦房、上房各一间和一段穿廊
	48	西羊市 6 号	清代	两进院外加一个后院整体格局完整，门房、厅房、上房、厦房均保存较好，二道门砖雕精美
	49	西羊市 34 号	清代	两进院外加一个后院整体格局完整，门房、厅房、厦房保存均较好
	50	西羊市 54 号	清代	整体格局已不存，仅剩厅房一座
	51	西羊市 121 号（老 77 号）马家大院	清代	两进院落加一个后院整体格局完整，建筑保存较好
	52	西羊市 127 号	清代	仅剩门房和厅房
	53	北院门 121 号（老 77 号）	清代	整体格局较完整，尚存门房、厅房、上房、厦房，但已被改造
	54	北院门 144 号高家大院	明末	三路三进院及其建筑保存完整
	55	红埠街雷宅（现已迁至关中民俗博物院）	清代	三进院格局及其建筑保存完整，雕饰精美
	56	化觉巷 125 号安鸿章宅	清乾隆年间	两进院及其建筑保存完整，二道门十分精美
	57	大有巷三联院	清代	已拆
	58	青年路 213 号（老 127 号）	民国	已拆
	59	大莲花池街 11 号（老 7 号）	清代	仅存的南厦房与厅房已拆
	60	大莲花池街 43 号（老 29 号）	清代	仅存的二进院及其厦房、正房已拆
	61	小皮院 43 号（老 42 号）	清末	整体格局基本完整，仅存门房、厦房、厅房损毁严重
灞桥区 （2处）	62	灞桥豁口孙蔚如故居	民国	南、北两院及其建筑保存完整
	63	车丈沟村张百万故居	清光绪年间	两路一进院及其建筑保存完整
蓝田区 （2处）	64	张坡村祠堂	民国	整体格局尚存，仅存上房一座
	65	史家寨乡肖北村老宅	清末	两进院落格局完整，尚存建筑有不同程度损毁

后记

从小生活在西安的人，多少都会对历史文化的东西感兴趣。城墙、城河，总会经过；碑林、雁塔，进过登过；笔墨碑帖，看过临过；烤肉泡馍，吃过尝过；也就会有了爱好，写几笔，画几笔，谈古论今，不枉秦人了。

我也是这样，生在西安，长在西安，及至大学，学了建筑，研究生读了中国古建筑，便于骨子里觉得那些古民居的保护等都是自己应做的事。上学时，设计所及，对山西古民居调研较多，到西安后，二十多年始终与西安民居难解夙缘。

20 世纪 90 年代前后，在交大建筑系与董卫老师，和挪威工学院的哈罗德先生夫妻所带师生，共同调研西安民居，尝试改造其基础设施，使其再获生机，其中化觉巷民居改善项目获联合国人居奖，并出了系列课题报告，那时起即开始积累民居资料。后来又与日本专家大西先生等合作，调研测绘大有巷民居，意图赋予新的用途，可惜工作未赶上低改的速度，一夜之间，此处建筑即消失了，只有在本书里留下当时的照片及测绘的平面图纸。

新世纪后，我到了规划局工作，因爱好古建保护，也多从事这方面工作。2004 年，来西安挂职市委副书记的李书磊同志，对民居等保护高度重视，我也加入了调研工作，在此期间，个别民居进行了挂牌。当时西安保存较好民居尚有百余处，我们都进行了造册拍照。后来人事更迭、建设加快，在 2008 年前后调研时已不足 80 处，西安市文物局委托陕西省古建遗址保护工程技术研究中心、陕西省文化遗址保护研究中心，对部分民居进行了测绘，并组织施工队伍进行了维修。目前西安城内城外共存较完善民居院落或单体建筑 40 余处。

面对西安近现代优秀建筑保护的现状，我经常与西安交通大学建筑系陈洋等老师在一起讨论，并着手研究整理。在申请到曲江大明宫研究院专门用于文化遗产保护研究的课题经费后，陈洋老师、金鑫老师、刘荣同学、吴彦明同学等，和我组成了课题组，开始了对西安仅存民居的系统调研。几年来，学生毕业，教师调离，队伍不断更换，也不断扩大，陆续又加入有王佳老师及张钰嫯老师，杨梓伦、雷荣亮等同学。从春到秋，从冬到夏，我们多次开会研究讨论，布置进度，查找资料，核实信息，每听到一处民居，都会尽快前往调查，进行测绘，同时走访工匠，了解存留不多的工艺做法。几经寒暑，终于拿出了今天所能看到的成果，为西安民居留下了一份可贵的资料。

这项工作得到了众多方面的支持。西安曲江管委会长期致力于文化遗产保护，将此课题列为了基金支持项目，曲江大明宫研究院的李春阳院长，始终对课题给予关注。莲湖区的洪增林书记，灞桥区的负笑东书记，北院门街道办李新军主任，化觉巷社区工作者曹林东先生，省科协的韩开兴副主席，市文物局的郑育林局长、冯滨女士都给予了指导或提供了帮助，市规划院的刘春凯女士提供了有益的资料。感谢故宫博物院单霁翔院长为本书作序，单院长多年来从事文物及建筑保护工作，见地独到，建树颇丰，对我们的工作也给予了肯定，令我们备感荣幸。此书引用了中建西北设计研究院王天星副总建筑师带领我及其他人员规划设计书院门仿古一条街时所作的标准图，并经李子萍副总建筑师、张璐高级建筑师重新绘制编辑，对现在的西安民居，特别是商业店铺复原设计可资借鉴。西安交通大学出版社柳晨编辑始终关注此书进展并给予鼓励，成为几年来支撑我们做下去的动力之一。在此一并感谢！也借此书对所有为古城民居保护作出贡献的朋友予以记怀。

住房城乡建设部、国家文物局 2015 年 4 月公布了第一批 30 处中国历史文化街区，没有西安，这是对我们的警示！我们唯一能做的是赶快行动起来，保护好目前的留存，不再有失去的遗憾，并使这片土地上新的艺术创造，无愧于历史，成为明天的文化遗产。

王西京